陆地生态系统修复与固碳技术教材体系

安黎哲　总主编

LIFE CYCLE ASSESSMENT OF URBAN AND RURAL BLUE-GREEN SPACE CARBON FOOTPRINT

城乡蓝绿空间生命周期碳足迹评价

郑　曦　杨俊宴 ◎ 主编

中国林业出版社
China Forestry Publishing House

内容简介

本教材服务国家碳达峰、碳中和重大战略决策，立足城乡建设绿色低碳转型，以生命周期评价（life cycle assessment, LCA）作为技术框架，关注城乡蓝绿空间从规划、设计、建造运营全周期，整合蓝绿空间评价、分析、模拟与优化前沿技术，建立全生命周期视角的蓝绿空间碳足迹评价知识体系，构建适配于城乡蓝绿空间属性的应用评价流程。本教材依托"城乡绿地系统规划""风景园林设计""风景园林工程""园林植物栽培养护""园林计算机辅助设计""园林管理与实务"等课程，结合城乡蓝绿空间规划设计和生命周期碳足迹评价实践，培养具有生命周期思维、掌握前沿评估技术、服务于城乡蓝绿空间高质量发展的高水平专业人才。

本教材主要面向风景园林相关专业的本科生和硕士研究生，以及对城乡蓝绿空间生命周期碳足迹评价内容感兴趣的相关从业者和研究者。

图书在版编目（CIP）数据

城乡蓝绿空间生命周期碳足迹评价 / 郑曦，杨俊宴主编. -- 北京：中国林业出版社，2024. 10. -- （陆地生态系统修复与固碳技术教材体系）. -- ISBN 978-7-5219-2916-4

Ⅰ. TU984.11

中国国家版本馆CIP数据核字第2024AU2574号

策划编辑：康红梅
责任编辑：康红梅
责任校对：苏　梅
封面设计：北京反卷艺术设计有限公司

出版发行　中国林业出版社
　　　　　（100009，北京市西城区刘海胡同7号，电话 010-83223120，83143551）
电子邮箱　jiaocaipublic@163.com
网　　址　https://www.cfph.net
印　　刷　北京中科印刷有限公司
版　　次　2024年10月第1版
印　　次　2024年10月第1次印刷
开　　本　787mm×1092mm　1/16
印　　张　12.5
字　　数　304千字
定　　价　66.00元

数字资源

《城乡蓝绿空间生命周期碳足迹评价》编写人员

主　　编　郑　曦（北京林业大学）

　　　　　杨俊宴（东南大学）

副 主 编　马　嘉（北京林业大学）

　　　　　王博娅（北京林业大学）

　　　　　阎姝伊（北京林业大学）

参编人员　（以姓氏拼音排序）

　　　　　李长霖（北京甲板智慧科技有限公司）

　　　　　刘　阳（内蒙古工业大学）

　　　　　罗　丹（重庆大学）

　　　　　王晶懋（西安建筑科技大学）

主　　审　（以姓氏拼音排序）

　　　　　张　斌（华中农业大学）

　　　　　张春彦（天津大学）

前 言

联合国政府间气候变化专门委员会（IPCC）报告指出，1950年以来的全球地表增温主要是由人类活动排放的大量温室气体所致。在全球气候变化的严峻形势下，碳达峰、碳中和已成为各国政府和社会关注的重点议题。2020年，中国明确提出2030年"碳达峰"与2060年"碳中和"目标。在此背景下，蓝绿空间作为城乡生态系统的重要组成部分，其碳足迹的评估和优化尤为关键。城乡蓝绿空间不仅涵盖了城市公园、绿地、林地等绿色空间，还包括河流、湖泊等蓝色空间，这些空间为城乡发展提供了广泛的生态系统服务，在提高城乡碳增汇减排能力中扮演着重要角色。因此，科学、系统地评价其生命周期碳足迹，对于实现城乡绿色低碳发展具有重要意义。

随着城市化水平的提高，城乡蓝绿空间面临着越来越大的压力。土地利用变化、基础设施建设以及人为活动的增加，导致了城市碳排放增加。与此同时，受用地条件限制，城乡蓝绿空间建设已从增量扩展转向存量更新，实现高质量发展与提升碳汇功能已成为支撑"双碳"目标实现的重要策略。

为了应对这些挑战，有必要采用生命周期评价的方法，对蓝绿空间的碳足迹进行全面的分析。生命周期评价作为一种系统评估工具，用于分析产品、过程或服务在其整个生命周期中对环境的影响。在城乡蓝绿空间碳足迹评价中应用生命周期评价方法，可以帮助城市建设管理决策者、规划设计人员、社会公众等，了解从规划、设计到建设运营等各个阶段的碳足迹情况，以及每个阶段及其目标范围内的碳足迹情况，从而制定更加科学有效的增汇减排策略。

在面向"双碳"目标下，专业人才的培养更需要重视理论与实践结合，跨学科知识融合，以引导学生树立绿色可持续发展的理念，利用科学方法解决人类所面临的能源和环境问题。本教材特点如下：

第一，本教材遵循育人性和时代性原则，充分融入思政元素，将教材内容与思想政治教育紧密结合，实现对学生树立正确价值观的引导和理想信念的培养。以"双碳"目标与城乡高质量发展为重要导向，激发学生服务国家战略需求、践行绿色发展理念的责任感和使命感，致力于培养德才兼备的高素质人才。

第二，本教材遵循实用性和前瞻性原则，融合规划设计、工程实践等多领域知识，注重人才培养模式转变和教学方法创新，融入丰富的案例分析、实地调查和规划设计项目，以提升学生的实践操作能力和解决实际问题的综合能力。通过这些内容和环节的设置，学生不仅可以掌握理论知识和应用方法，更能够在实际操作中验证和运用所学，提高自身的专业素养和能力。

第三，本教材遵循全面性和创新性原则，将城乡蓝绿空间的碳足迹评价扩展到全生命周期的管理和优化范畴。融合国内外前沿研究成果和政策动向，提供了一套系统的理论与评价应用框架。此外，教材采用了多媒体教学资源，如视频讲座和互动模拟，以增强教学的互动性和趣味性。通过这种多元化的教学手段，激发学生的学习兴趣，培养学生的创新思维和综合分析能力。

本教材由郑曦、杨俊宴担任主编，马嘉、王博娅、阎姝伊担任副主编。编写分工如下：第1~3章：王博娅、王晶懋；第4、5章：马嘉、刘阳；第6章：马嘉、阎姝伊、罗丹；第7章：阎姝伊、李长霖；统稿工作由郑曦与杨俊宴共同完成。

特别感谢审稿专家张斌教授、张春彦教授的辛勤工作和宝贵意见，他们的专业指导对提高本教材质量起到了关键作用。

诚挚邀请各位读者和同行提出宝贵的意见和建议，以帮助我们不断改进和完善。期待本教材能够在培养高素质专业人才、推动城乡蓝绿空间绿色低碳发展方面发挥积极作用。

编　者
2024年5月

目 录

前言

第1章 绪 论 / 1

学习重点 ………………………………………………………… 1
1.1 气候变化及影响 ……………………………………………… 1
    1.1.1 全球气候变化 …………………………………………… 1
    1.1.2 气候异常与极端天气 …………………………………… 2
    1.1.3 人类活动对气候变化的影响 …………………………… 5
    1.1.4 气候变化带来的环境影响 ……………………………… 6
1.2 应对气候变化的措施 ………………………………………… 8
    1.2.1 应对气候变化的国际行动 ……………………………… 8
    1.2.2 我国应对气候变化的主要政策措施 …………………… 12
    1.2.3 世界其他国家应对气候变化的主要政策措施 ………… 15
1.3 全球碳足迹和碳循环 ………………………………………… 20
    1.3.1 碳足迹相关概念 ………………………………………… 20
    1.3.2 碳源与碳汇 ……………………………………………… 21
    1.3.3 全球碳循环 ……………………………………………… 22
1.4 气候变化下的城乡绿色发展 ………………………………… 23
    1.4.1 城市化与城市环境问题 ………………………………… 23
    1.4.2 气候变化下的城乡绿色转型 …………………………… 25
    1.4.3 城乡绿色发展的相关概念 ……………………………… 26
思考题 …………………………………………………………… 28
拓展阅读 ………………………………………………………… 28
参考文献 ………………………………………………………… 28

第 2 章 城乡蓝绿空间概述 / 29

学习重点 ··· 29
2.1 城乡蓝绿空间概念和价值 ·· 30
2.1.1 城乡蓝绿空间概念 ·· 30
2.1.2 城乡蓝绿空间价值 ·· 31
2.2 城乡蓝绿空间主要功能 ·· 32
2.2.1 生态功能 ·· 33
2.2.2 社会功能 ·· 35
2.2.3 文化功能 ·· 36
2.3 城乡蓝绿空间的碳增汇减排功能 ···································· 37
2.3.1 城乡蓝绿空间碳增汇功能 ······································ 37
2.3.2 城乡蓝绿空间碳减排功能 ······································ 39
2.4 城乡蓝绿空间碳足迹 ·· 40
2.4.1 碳足迹理论基础 ·· 40
2.4.2 碳足迹评价概念及意义 ·· 42

思考题 ··· 44
拓展阅读 ··· 45
参考文献 ··· 45

第 3 章 生命周期评价 / 46

学习重点 ··· 46
3.1 生命周期评价概述 ·· 46
3.1.1 生命周期评价概念 ·· 46
3.1.2 生命周期评价相关术语 ·· 47
3.1.3 生命周期评价特点 ·· 47
3.2 生命周期评价原则及标准 ·· 49
3.3 生命周期评价一般流程 ·· 49
3.3.1 目标和范围的确定 ·· 49
3.3.2 生命周期清单分析（LCI） ····································· 50
3.3.3 生命周期影响评价（LCIA） ··································· 52
3.3.4 生命周期解释 ·· 52
3.4 生命周期评价软件和数据库 ·· 53
3.4.1 数据库 ·· 53
3.4.2 生命周期评价软件 ·· 55
3.5 生命周期评价优点与局限性 ·· 56

3.5.1 生命周期评价优点 ………………………………………………………………… 56
3.5.2 生命周期评价局限性 ……………………………………………………………… 57
思考题 ………………………………………………………………………………………… 58
拓展阅读 ……………………………………………………………………………………… 58
参考文献 ……………………………………………………………………………………… 58

第4章 城乡蓝绿空间碳足迹生命周期评价应用 / 59

学习重点 ……………………………………………………………………………………… 59
4.1 城乡蓝绿空间与生命周期评价 ……………………………………………………… 59
　　4.1.1 城乡蓝绿空间应用生命周期评价的意义 ………………………………………… 59
　　4.1.2 城乡蓝绿空间碳循环过程 ……………………………………………………… 60
　　4.1.3 城乡蓝绿空间碳足迹生命周期评价框架 ………………………………………… 64
4.2 城乡蓝绿空间碳足迹目标范围界定 ………………………………………………… 66
　　4.2.1 评价目标 ………………………………………………………………………… 66
　　4.2.2 系统边界 ………………………………………………………………………… 68
　　4.2.3 时空边界 ………………………………………………………………………… 69
4.3 城乡蓝绿空间碳足迹评价清单编制 ………………………………………………… 70
　　4.3.1 规划设计阶段 …………………………………………………………………… 70
　　4.3.2 建造运营阶段 …………………………………………………………………… 72
4.4 城乡蓝绿空间碳足迹环境影响评价 ………………………………………………… 74
　　4.4.1 评价过程 ………………………………………………………………………… 74
　　4.4.2 评价方法 ………………………………………………………………………… 75
4.5 城乡蓝绿空间碳足迹评价结果解析 ………………………………………………… 78
　　4.5.1 规划设计阶段 …………………………………………………………………… 78
　　4.5.2 建造运营阶段 …………………………………………………………………… 80
思考题 ………………………………………………………………………………………… 80
拓展阅读 ……………………………………………………………………………………… 80
参考文献 ……………………………………………………………………………………… 80

第5章 城乡蓝绿空间规划碳足迹评价与应用 / 83

学习重点 ……………………………………………………………………………………… 83
5.1 城乡蓝绿空间规划与碳足迹评价 …………………………………………………… 83
　　5.1.1 城乡蓝绿空间规划碳足迹评价的重要意义 ……………………………………… 83
　　5.1.2 城市系统碳循环基本原理 ……………………………………………………… 84
　　5.1.3 规划编制框架与碳足迹评价 …………………………………………………… 90

5.2 面向规划的蓝绿空间碳足迹评价 …… 91
    5.2.1 评价目标 …… 91
    5.2.2 方法原理 …… 92
    5.2.3 评价内容 …… 93

5.3 面向规划的蓝绿空间碳足迹评价方法 …… 95
    5.3.1 常用评价方法 …… 95
    5.3.2 数据收集 …… 97
    5.3.3 常用方法模型 …… 100

5.4 城乡蓝绿空间固碳增汇规划途径 …… 106
    5.4.1 增加碳汇面积，优化调控城乡蓝绿空间固碳增汇格局 …… 106
    5.4.2 提升增强蓝绿空间固碳增汇能力 …… 107
    5.4.3 提高蓝绿空间固碳增汇能力管护水平 …… 107

5.5 综合评价与应用案例 …… 108
    5.5.1 基于"空间-数量"绿色低碳导向的成都天府新区蓝绿空间体系优化 …… 108
    5.5.2 基于"评估-优化"循证框架的北京市碳抵消能力评估 …… 112

思考题 …… 114
拓展阅读 …… 114
参考文献 …… 114

第6章 城乡蓝绿空间设计碳足迹评价与应用 / 117

学习重点 …… 117

6.1 城乡蓝绿空间设计与碳足迹评价 …… 117
    6.1.1 城乡蓝绿空间设计碳足迹评价的重要意义 …… 117
    6.1.2 城乡蓝绿空间碳循环基本原理 …… 118
    6.1.3 城乡蓝绿空间设计流程和碳评价 …… 122

6.2 面向设计的城乡蓝绿空间碳足迹评价 …… 123
    6.2.1 评价目标 …… 123
    6.2.2 评价原理 …… 124
    6.2.3 评价内容 …… 128

6.3 面向设计的城乡蓝绿空间碳足迹评价方法 …… 131
    6.3.1 常用评价方法 …… 131
    6.3.2 数据收集 …… 132
    6.3.3 常用模型 …… 137

6.4 城乡蓝绿空间固碳增汇设计途径 …… 142
    6.4.1 高固碳释氧能力的植物配置 …… 142

         6.4.2 低维护、节约型乡土植物应用 ···142
         6.4.3 增强生态调节功能的城市湿地建设 ···143
    6.5 综合评价与应用案例 ···143
         6.5.1 通过实地数据收集的城乡蓝绿空间碳储量评价 ···························143
         6.5.2 提升生态效益的城乡蓝绿空间绩效评价 ···································146
    思考题 ··148
    拓展阅读 ··149
    参考文献 ··149

第7章 建造运营阶段碳足迹评价与应用 / 150

    学习重点 ··150
    7.1 评价目标 ···150
    7.2 "生产、运输、建造、运营维护、拆除"全周期碳足迹评价 ·············151
         7.2.1 生产周期碳足迹评价 ··152
         7.2.2 运输周期碳足迹评价 ··153
         7.2.3 建造周期碳足迹评价 ··154
         7.2.4 运营维护周期碳足迹评价 ···156
         7.2.5 拆除周期碳足迹评价 ··158
    7.3 碳足迹评价手段 ···158
         7.3.1 智慧平台 ··159
         7.3.2 建筑信息模型（BIM） ··160
         7.3.3 低碳智慧游园系统 ··161
         7.3.4 智慧化养护管理 ···162
    7.4 应用实例 ···163
         7.4.1 无锡市经开区零碳环智慧方案 ···164
         7.4.2 北京市温榆河"碳中和"公园昌平一期 ··································175
    思考题 ··181
    拓展阅读 ··181
    参考文献 ··181

附录 有关政策文件、机构、术语等的中英文对照 ·····························183

第1章 绪论

> **学习重点**
>
> 1. 了解气候变化的概念、成因及影响;
> 2. 熟悉不同国际机构、国家应对气候变化的措施途径;
> 3. 了解城乡绿色发展相关问题。

全球携手应对气候变化是21世纪人类发展的主题之一。本章从全球气候变化的事实以及全球各地频繁经历的极端天气出发,详细介绍了气候变化对自然生态环境、生物多样性、人类健康等方面造成的影响;介绍了全球应对气候变化的国际行动,重点阐述了我国应对气候变化的主要措施。同时解释了全球碳足迹和碳循环的重要概念,提出气候变化下的城乡绿色发展是现阶段的重要任务。

1.1 气候变化及影响

气候变化及其影响已成为世界各国可持续发展的核心问题之一,也是目前国际社会十分关注的政治、经济和生态环境问题。持续的全球气候变暖现象对于人类的生存环境产生了潜在的或者直接的威胁,因而引起了全球范围内的广泛关注。

1.1.1 全球气候变化

气候变化(climate change)是指气候平均状态统计学意义上的巨大改变或者持续较长一段时间(典型的为30年或更长)的气候变动(王滢,2019)。气候变化不但包括平均值的变化,也包括变率的变化。虽然天气可能在短短几个小时内发生变化,但气候变化会在更长的时间内发生，气候变化与自然天气变化的区别在于长期趋势。联合国政府间气候变化专门委员会（Intergovernmental Panel on Climate Change，IPCC）认为气候变化是指气候随时间的任何变化，无论其原因是自然变率，还是人类活动的结果。《联合国气候变化框架公约》（United Nations Framework Convention on Climate Change，UNFCCC）将其定义为："经过相当一段时间的观察，在自然气候变化之外由人类活动直接或间接地改变全球大气组成所导致的气候改变。"气候变化问题简称气候问题，是当今世界普遍关注的全球性问题。由于目前在全球范围内气候变化的一个显著特征就是气温不断升高，气候问题通常又称全球变暖（global warming）问题（中国气象局，2011）。与之相对应，世界各国减缓、适应气候变化问题的政策统称为气候变化政策（简称气候政策）。

1.1.2 气候异常与极端天气

气候异常（climate anomaly），是指在最近完整的30年气象资料中未出现过的情况，或某个地区在三五十年或者百年之内出现过一两次罕见气候现象，如严重干旱、特大暴雨、严重冰雹、特强台风等极端天气（甄文超，2006）。极端天气（extreme weather）是对罕见且对人类社会和生态系统产生破坏的天气现象的统称。近年来，全球各地频繁经历多种极端天气气候事件，对人身安全、经济发展等造成了巨大的损失。

1.1.2.1 极端温度事件

近年来，干旱、高温、暴雨、寒潮和风暴等极端天气气候事件越来越频繁出现。根据联合国防灾减灾署（United Nations Office for Disaster Risk Reduction，UNDRR）发布的《灾害造成的人类损失2000—2019》报告，过去20年间，全球共发生7348起重大灾害。与前20年相比，全球极端高温事件发生数量增加了232%，洪涝灾害增加了134%，风暴增加了97%，各种山火燃烧增加了46%，干旱事件增加了29%。国际天气归因小组（WWA）在进行归因分析后发现，全球各种极端天气背后几乎都能找到全球变暖的影子。世界气象组织警告称，全球气温可能在未来5年内升至历史新高并突破《巴黎协定》规定的1.5℃温升阈值。

自20世纪50年代以来，全球尺度暖昼和暖夜天数增加，冷昼和冷夜天数减少；热浪强度和频次增加，持续时间延长。欧洲气候风险评估报告（European Climate Risk Assessment，EUCRA）显示，2022年的热浪造成欧洲约7万人死亡；2023年8月的洪灾给斯洛文尼亚造成的损失相当于其国内生产总值（gross domestic product，GDP）的16%；希腊的野火和随后发生的洪灾使该国农业年产量减少了15%；赞比亚、博茨瓦纳和津巴布韦等非洲南部大片地区在2024年2月遭遇了至少40年来最干旱的天气，农作物颗粒无收，电力短缺。世界气象组织（World Meteorological Organization，WMO）于2023年8月8日宣布，该年7月是有气象记录以来全球平均气温最高的月份，而且可能是12万年以来的最热月份。而早在该年4月，南亚等地遭遇史上最热4月。进入5月，赤道中东太平洋海表温度平均滑动指数超过0.5℃，进入厄尔尼诺状态。厄尔尼诺（El Niño Phenomenon）是一种自然发生的气候现象，与热带太平洋中部和东部海洋表面温度变暖（暖水现象）相关。国家气候中心服务首席专家周兵表示，持续的暖水使得气候异常持续时间更长，厄尔尼诺的出现会造成区域或全球的气候异常。联合国秘书长古特雷斯用"沸腾时代"对全球气候变暖发出了新的警告。周兵认为，将全球变暖推向"全球沸腾"的幕后推手除了人类活动以外，厄尔尼诺也占有一席之地，很可能带来全球变暖新高峰。他指出，每十年全球平均升温0.14℃，而中等及以上强度的厄尔尼诺对全球变暖的增温幅度在0.05~0.12℃，相当于4~8年的累计升温幅度。

近年来，厄尔尼诺的强度不断提升。海洋尼诺指数（Oceanic Niño Index，ONI）已经从20世纪60年代的2.0持续上升至近10年出现的最高值2.6。欧盟委员会（European Commission，EC）发出警告，欧盟成员国之间有可能因水资源而发生"冲突"，极端高温会导致生产力下降，西尼罗河病毒和登革热等疾病也会增加。

1.1.2.2 强降水事件

随着全球变暖加剧，强降水事件很可能变得更强、更频繁。全球尺度上，未来全球每增温1℃，极端日降水事件的强度将增加7%。区域强降水强度变化与全球变暖幅度呈近乎线性关系，未来全球变暖幅度越大，强降水增强就越明显；强降水事件的频次随全球增暖幅度增加而加速增长，越是极端的强降水事件，其发生频率的增长百分比就越大。例如，全球温升1.5℃，当前20年一遇的强降水事件发生频率将增加10%，百年一遇的强降水事件发生频率将增加20%；全球温升2℃，当前20年一遇的强降水事件发生频率将增加22%，百年一遇的强降水事件发生频率将增加45%以上。非洲的情况也不容乐观。加州大学圣巴巴拉分校气候灾害中心数据显示，在2024年2月，赞比亚、博茨瓦纳和津巴布韦的大部分地区的降水量是自1981年有记录以来最少的，为赞比亚和津巴布韦提供水力发电的赞比西河的水流量不足2023年的1/4。

根据中国气象台统计，2023年以来，我国北方"七下八上"雨季期间降水迅猛且雨量偏多，出现4次较大范围明显降水天气过程。其中，7月29日至8月1日，受台风残余低压环流和低空急流影响，京津冀地区出现极端暴雨天气过程。近年来，在"七下八上"期间，全国突破历史极值的站点数大幅增加，极端天气多发频发态势愈加明显。不只在我国，2024年以来，"加布丽埃尔"给新西兰带来强风雨天气，48h内的降水量超过400mm，强风和暴雨造成当地大面积供电中断、道路阻断；意大利北部艾米利亚-罗马涅地区遭暴雨侵袭，引发洪水和山体滑坡，部分城镇36h降水量已超过500mm；厄瓜多尔埃斯梅拉达斯省12h内的降水量相当于当地平常1个月。全球多地遭到暴雨侵袭，严重影响人们的正常生活。

1.1.2.3 干旱事件

20世纪中叶以来，一些区域，特别是欧洲南部和西非地区，干旱强度变强，持续时间更长；而在另一些区域，如北美中部和澳大利亚西北部，干旱发生频次减少，强度变弱，持续时间缩短。水文干旱（其广义定义为水流、径流、水库蓄水量和地下水位的长期减少。）变化的证据相对较少，有限证据表明，水文干旱在地中海、非洲西部、东亚、澳大利亚南部区域增加，在欧洲北部和南美洲东部的南部地区减少，且人为影响了地中海区域水文干旱。

干旱也严重威胁粮食安全。高温和干旱对南欧农作物生产造成的风险已达到临界水平，不少中欧国家也同样面临风险。长期干旱将影响大面积地区，并对作物生产、粮食价格与安全和饮用水供应等构成重大威胁。同时欧盟共同农业政策（EU Common Agricultural Policy，CAP）改革以激励更可持续的耕作方式，并改种抗旱性更强或耗水更少的作物。

欧洲环境署（European Environment Agency，EEA）在2024年3月11日首次发布的欧洲气候风险评估报告（EUCAR）称，欧洲人可以通过转向更多的植物性饮食来部分解决水资源短缺问题，因为这将减少用于粮食生产的淡水消耗。根据饥荒预警系统网络（Famine Early Warning Systems Network，FEWS NET）的数据，从2023年12月起，一些地区谷物的美元价格在3个月内翻了一番。在博茨瓦纳，尽管有政府支持，但农民在本季的种植面积不到上一季的1/2。在纳米比亚，为首都温得和克供水的主要水库仅蓄满了11%的水，而且水位还在下降。世界粮食计划署预计，2024年第一季度约有1/4的农村人口面临缺粮威胁。津巴布韦谷物加工协会计划2025年从南非和南美洲进口多达$110×10^4$t玉米。

1.1.2.4　极端风暴

极端风暴（extreme storm）（如热带气旋、强对流、大风等）对经济社会具有重要影响。但因为极端风暴事件区域性强、生命史短等特征，量化和归因气候变化对极端风暴的影响存在很大挑战。同时，由于全球气候系统模式对中小尺度系统模拟能力的限制，预估极端风暴事件的未来变化也具有挑战。

未来变暖背景下热带气旋降水和平均强度可能将增加。人类活动对热带气旋降水增加造成了影响。随着未来全球气候进一步变暖，全球强台风（飓风）占比、热带气旋最大风速和热带气旋降水很可能增加，西北太平洋热带气旋达到最大风力时的位置可能进一步向北移动。

1.1.2.5　复合事件

复合事件指的是两个或两个以上同时发生或者连续先后发生或者同时出现在不同地方的天气气候事件的组合，其影响要大于单个事件造成影响的总和。在联合国政府间气候变化专门委员会第6次报告中，首次全面系统地评估了热浪和干旱复合事件、与野火有关的复合天气事件（炎热、干燥、大风的组合）、沿海和河口地区的洪涝复合事件（极端降水、风暴潮、河流流量等多种因素共同导致的洪涝事件）的过去变化与归因以及未来变化，这也是报告的一个重大进展。

随着未来气候变暖加剧，许多区域的复合事件发生概率将增加。欧亚北部、欧洲、澳大利亚东南部、美国、印度、中国西北部等区域的热浪和干旱复合事件可能越来越频繁。随着干旱和高温热浪严重程度的增加，利于野火发生的复合天气状况也将变得更加频繁，造成野火风险加大。由于海平面的上升和强降水的增加，海岸带复合洪水事件的发生频次和强度也将增加（周波涛 等，2021）。

1.1.3 人类活动对气候变化的影响

人类主要通过以下两个方面的活动影响气候变化：一方面，人类通过燃烧化石燃料和进行农业、工业活动排放二氧化碳、甲烷、氮氧化物、氟化硫等温室气体，随着温室气体浓度的增加而引发温室效应，温室效应的增强导致气候异常；另一方面，土地利用变化导致的温室气体源/汇转变和地表反照率变化进一步影响气候变化，包括森林砍伐、城市化植被改变和破坏等。其中二氧化碳主要源自化石燃料的使用（56.6%），以及毁林、生物腐殖质和泥炭（19.4%）；甲烷源自农业、废弃物和能源（14.3%）；氮氧化物源自农业生产以及其他方面（7.9%）；另有一些氟类气体（如氟化硫气体），是一种稳定且温室效应极强的气体，限排于生产生活的某一些特定领域（1.1%）（董恒宇 等，2012）。

人类社会活动是引起全球气候异常的最主要原因，因为人类活动改变了地面状况和超量排放了CO_2。据研究显示，CO_2对全球气候异常的作用最大，只占地球大气约0.03%的CO_2产生了26%的温室效应。根据政府间气候变化专门委员会2001年的研究报告，自1750年以来，大气CO_2浓度增加了31%（董恒宇 等，2012）。目前，CO_2的含量已经大大超过了过去42万年间任一时期的自然水平，也很有可能是过去2000万年间的最高值。由于化石燃料的使用和农业的发展，甲烷作为温室气体的一种，其含量自1750年以来也增长了151%。在过去20年中，排放到大气的CO_2中的3/4是由化石燃料燃烧造成的，其余则是由土地利用变化，尤其是森林砍伐、草地退化造成的。人类在燃烧煤、石油、天然气等含碳化石燃料的同时改变了碳在地球上的储存方式，向大气中排放了大量CO_2和其他温室气体。在过去百余年中，被化石燃料所驱动的工业革命已经将CO_2在大气中的含量从大约280mg/kg提高到2007年的367mg/kg，增加了逾30%。同样，根据政府间气候变化委员会2007年的报告，1970—2004年，全球的6种主要温室气体排放从$287\times10^8 tCO_2$当量提高到$490\times10^8 tCO_2$当量，增加了70%。而1990—2004年的短短15年间，全球温室气体排放就增长了24%。各种温室气体的增长速度有所不同，CO_2排放增长最快。1970—2004年，全球氧化碳的排放增长了约80%，而在1990—2004年，CO_2的排放增长约28%源自人类排放的温室气体，CO_2的比例最大，2004年CO_2排放量约占温室气体总量的77%。1970—2004年，全球温室气体排放主要来自能源供应部门，这部分排放量约增加了145%。来自交通、工业以及土地使用的排放分别增长了120%、65%和40%，农业和建筑业的排放增长了27%和26%（董恒宇 等，2012）。有预计显示，如果当前的趋势继续下去的话，CO_2的大气含量将在2100年前后达到前工业社会时期水平的2倍。

1.1.4 气候变化带来的环境影响

气候变化是关乎地球、人类与生态环境可持续发展的安全问题,涉及水资源、农业、能源等部门,并对陆地生态系统、海岸带及近海生态脆弱地区构成重大威胁,对全球产生巨大的甚至是不可逆转的影响。全球气候变化不只是环境问题,它影响整个社会结构,包括陆地和海洋提供食物的能力,也影响社会安全、人权和正义以及人类未来的幸福等。

1.1.4.1 气候变化对自然生态环境的影响

全球气候异常导致一系列自然生态环境要素的激变,如高温、洪涝、飓风、干旱等极端天气出现的频率大大增加。森林火灾频率增加,澳大利亚、美国、希腊等国近年来都出现了罕见的特大森林火灾。爆发于2023年8月8日的美国夏威夷州严重山火是一个典型例子,已演变成为美国百年来最为致命的火灾。过去,美国常与山火联系在一起的是饱受高温干旱影响的加利福尼亚州,此次却发生在夏威夷州,着实有些出人意料。自2023年8月以来,当地天气以晴热为主,几乎无降水,与历史同期相比,降水显著偏少,干旱较为严重。气温偏高导致地表水汽大量蒸发,植被、木质建筑较为干燥,增加了"可燃性"。除了夏威夷州,美国在2023年6月经历了"外面看起来像是在火星上"的日子,而这些烟尘都来自加拿大的林火(中国环境网,2023)。极端性的山火发生得越来越频繁。不仅如此,联合国环境规划署宣称,从安第斯山脉到北极,冰川消融速度还在加快。联合国环境规划署数据显示,2006年,世界冰川的平均厚度减少了1.5m,而2005年该数字仅为0.5m。联合国环境规划署说,这是有研究人员监测以来冰川消融速度最快的时期。世界冰川监测中心工作人员说,与其他地区相比,欧洲山区冰川损失最为严重,其中包括阿尔卑斯山脉、比利牛斯山脉和北欧山区。非洲肯尼亚山冰川失去了92%,而西班牙在1980年时有27条冰川,目前已减至13条。欧洲的阿尔卑斯山脉在过去一个世纪已失去了1/2的冰川。在瑞士,3900m高的费尔佩克斯雪山山顶的气温达到了5℃,那里冰川的厚度下降至近150年来的最低点。

1.1.4.2 对海岸带及低地的影响

气候异常变化已经导致南极、北极冰冠融化和海平面升高。据估算,当全球气温升高1.5~4.5℃时,海平面将可能上升20~165cm。海平面的上升无疑会改变海岸线,并将严重影响沿海地区人们的生活,一些沿海城市和大洋中的岛屿可能会被淹没。例如,孟加拉国许多居民居住在海拔不足1m的海边低地。海平面上升还会导致海水倒灌、排洪不畅、土地盐渍化等其他后果。政府间气候变化专门委员会预计,2050年海水上涨、河岸侵蚀以及农业破坏将造成约1000万环境难民,这些难民将影响世界局势的稳定。

根据国家海洋局数据显示,近50年来,中国沿海海平面平均上升速率为2.5mm/a,略高于全球平均水平。海平面上升将造成海岸侵蚀和海水入侵,生态脆弱的人口稠密及低洼地区更面临着热带风暴、局部海岸带沉降及洪涝灾害的威胁，因此上海、天津、深圳、大连、青岛、广州等人口稠密的沿海城市将更容易受到海面上升的影响，对经济和社会的影响巨大。

1.1.4.3　对生物多样性的影响

气候变化将严重影响地球生态系统，影响陆地和海洋动植物的生存，从而改变整个生物链的结构，并可能导致一些物种的灭绝。生物多样性保护组织告诫世人，如果不减少CO_2排放，全球大约1/4的物种有可能在2050年前灭绝。在北极地区，气温升高导致的海上浮冰减少，威胁着北极熊的生存。在南极洲，气温上升和海冰的消失正在改变着企鹅的捕食和繁殖方式。全球变暖会使干旱、半干旱地区潜在荒漠化趋势增大，植被类型发生转变，生物多样性减少，濒危物种增加。

1.1.4.4　对人类健康的影响

气候变化对人类健康的影响十分严重。极端高温事件将引起死亡人数和严重疾病的增加，法国国家健康与医学研究院和西班牙巴塞罗那全球健康研究所2023年7月10日发表在《自然医学》杂志的一项研究称，2022年欧洲经历了有记录以来最热的夏季，高温在5月30日至9月4日期间导致61 672人死亡。

气候变暖还为传染病传播创造了有利条件，使病原体生长繁殖速度加快，增加了传播风险。世界卫生组织（World Health Organization，WHO）警告称，与1951—1960年相比，2013—2022年西尼罗河病毒的年均气候适宜性（载体–病原体–温度的关系）增加了4.4%。报告预计，随着全球继续升温，登革热的传播适宜性还将持续增加，在全球升温2℃范围内，到21世纪中叶，埃及伊蚊的传播适宜性将比1995—2014年水平增长19%，白纹伊蚊的传播适宜性将增加21%。

气候变化如高温也影响人们的心理健康，可能诱发抑郁症和焦虑症，增加社会暴力犯罪率。如2023年2月，《柳叶刀·行星健康》杂志上发表的一项研究发现，气温升高1℃，人群患焦虑症风险就提高21%，抑郁症风险提高24%。

整体而言，气候变化对人类健康带来了严重威胁，需要采取紧急行动来应对这一挑战，包括减缓气候变化趋势、提高公众对极端天气事件的应对能力，以及加强医疗和心理健康服务的供给。

1.1.4.5　对其他领域的影响

气候变化所造成的炎热、缺水、飓风、农作物的减产以及疾病的流行等都会对国家安全带来严重威胁。据统计，当前灾难事件有35%~40%与气候变化有关。极端天气给商业（如石油、海运、建筑业等）带来了巨大的不确定性。气候变化伴随的极端气候事件及其引发的气象灾害增多；气候异常也会导致能源供应结构发生变化，供暖设施及能源的减少会相应增加制冷的电力消费。此外，气候变化还将影响国家公园等以生态、环境和物种多样性为特色的旅游景点，对自然和人文旅游资源以及旅游者的安全产生重大影响。

气候变化影响环境安全。环境安全作为国家安全的一个重要组成部分，涉及外交决策、国家整体发展战略、经济的持续发展、人们生存环境以及生活质量。气候变化所产生的一系列"辐射"效应（如引起海平面上升，沿海低地被淹没，威胁到粮食、水和能源供应等）都将可能因矿产资源、水资源、能源等引发国家间、地区间大规模的冲突和战争。基于这一点，气候变化将是影响国家安全的重要因素（董恒宇 等，2012）。

1.2 应对气候变化的措施

气候变化作为全球最受关注的问题之一，各国分别采取了气候行动。国际组织通过引导观念构建来获得共识，提供气候问题合作的协调解决机制和约束各方行为的规则与规范，为气候合作各方提供信息与对策。

1.2.1 应对气候变化的国际行动

1.2.1.1 政府间气候变化专门委员会

政府间气候变化专门委员会由世界气象组织和联合国环境规划署于1988年共同建立，它是一个政府间科学技术机构，成员是所有联合国成员国和世界气象组织会员国。IPCC的工作目标是获取气候变化及其影响以及减缓和适应气候变化措施方面的科学和社会经济信息，以综合、客观、开放和透明的方式进行科学评估，并根据需求为《联合国气候变化框架公约》成员国会议提供科学、技术和社会经济建议。

2023年3月20日，IPCC发布的《第六次评估报告综合报告：气候变化2023》提出全球气候持续变暖，2011—2020年全球地表温度比1850—1900年升高了1.1℃。人类活动影响使大气、海洋、冰冻圈和生物圈发生了广泛而迅速的变化。过去20年，格陵兰岛和南极冰盖已大量消失，世界范围内的冰川继续萎缩，而北极海冰和北半球春季积雪已呈持续减少的程度。按照2021年公布的国家自主贡献（National Determined Contribution，NDCs）数据推算，预计2030年全球温室气体排放量可能会导致21世纪全球温升超过1.5℃，且很难将温升控制在2℃以内（IPCC，2023）。

关于IPCC关注的气候变化的风险，主要是从以下几方面展开。

雪、冰、河流、洪水和干旱 世界范围内包括热带高原、阿尔卑斯山、乞力马扎罗山、青藏高原、安第斯山等冰川收缩，导致河流流量的增加以及洪水发生率越来越高。

陆地生态系统 萨赫勒地区西部和摩洛哥半干旱地区的范围发生了变化且山火增加。在欧洲，温带和寒带树木更早变绿且开花结果，还有许多生物入侵移生到欧洲。

亚洲的西伯利亚苔原出现了灌木。大洋洲中许多鸟类、蝴蝶和植物的遗传、发育、分布发生了变化，并且湿地、林地、草原面积收缩，动物的迁徙提前数周。在中美洲和南美洲，亚马孙雨林出现了退化和衰退。一些小岛屿如毛里求斯、夏威夷等鸟类和植物物种减少。

海岸侵蚀和海洋生态系统　大部分地区的海域珊瑚礁减少。如大洋洲的大堡礁已经出现珊瑚白化并且疾病模式发生了变化。还有许多鱼类的分布向北移动，破坏了原本的海洋生态系统。

粮食生产与生计　卡里巴湖的渔业生产力下降。欧洲地区炎热相关的死亡率升高。许多国家的小麦产量并没有增长如南亚和中国。除此之外，地下水和淡水生态系统由于海水入侵导致退化（IPCC，2014）。

在应对气候变化方面，IPCC做出了很大的贡献。如IPCC每6年发布一次评估报告，致力于就各种气候变化问题提供权威的评估报告，对气候变化的自然科学基础、影响、适应与脆弱性进行了极为详尽的阐述，为国际社会应对气候变化问题的政府间对话提供了知识储备；还主要描述了管理极端事件和灾害风险以提升气候变化适应能力的关键举措和策略；此外，针对不同领域与区域的适应成果、需求与选择、规划与实施以及适应的机遇、限制和极限进行了综合评估，强调了适应气候变化对于提高社会抵御力和促进可持续发展的重要性。

综上所述，IPCC致力于关注气候变化与国际社会之间的关系，并且在科学和社会经济等方面提供了重大的支持。

1.2.1.2　《联合国气候变化框架公约》

《联合国气候变化框架公约》是指联合国大会于1992年5月9日通过的一项公约。同年6月在巴西里约热内卢召开的由世界各国政府首脑参加的联合国环境与发展会议期间开放签署。1994年3月21日，该公约生效，在地球峰会上由150多个国家以及欧洲经济共同体共同签署。

其核心内容有以下4个方面：①确立应对气候变化的最终目标。该公约第2条规定："本公约以及缔约方会议可能通过的任何法律文书的最终目标是：将大气温室气体的浓度稳定在防止气候系统受到危险的人为干扰的水平上。这一水平应当在足以使生态系统能够可持续进行的时间范围内实现。"②确立国际合作应对气候变化的基本原则，主要包括"共同但有区别的责任"原则、公平原则、各自能力原则和可持续发展原则等。③明确发达国家应承担率先减排和向发展中国家提供资金技术支持的义务。④承认发展中国家有消除贫困、发展经济的优先需要。该公约承认发展中国家的人均排放仍相对较低，因此在全球排放中所占的份额将增加，经济和社会发展以及消除贫困是发展中国家的首要任务。

该公约最终目标是为实现"减少温室气体排放，减少人为活动对气候系统的危害，减缓气候变化，增强生态系统对气候变化的适应性，确保粮食生产和经济可持续发展"，公约确立了5个基本原则：共同但有区别的责任，要求发达国家应率先采取措施以应对气候变化要考虑发展中国家的具体需要和国情，各缔约国方应当采取必要措施预测、防止和减少引起气候变化的因素，尊重各缔约方的可持续发展权，加强国际合作，应对气候变化的措施不能成为国际贸易的壁垒（UNFCCC，2001）。

虽然该公约没有对个别缔约方规定具体需承担的义务，也未规定实施机制，缺少法律上的约束力，但作为世界上第一个为全面控制CO_2等温室气体排放，应对全球气候变暖给人类经济和社会带来不利影响的国际公约，具有里程碑意义，同时也为后续国际社会在应对全球气候变化问题上进行国际合作构建了一个基本框架。

1.2.1.3 联合国粮食和农业组织

联合国粮食和农业组织（下文简称联合国粮农组织；Food and Agriculture Organization of the United Nations，FAO）致力于实现人人粮食安全。其核心工作包括消除饥饿、粮食不安全和营养不良，消除贫困，推动经济和社会进步，以及可持续地管理和利用自然资源，如土地、水、空气、气候和遗传资源，以造福当代和子孙后代。

农业是最受气候变化影响的行业之一，也是实现全球粮食安全、消除全球贫困所面临的重大挑战。农业领域必须采取气候变化适应措施，以提高食物生产系统的适应能力，满足不断增长的人口对粮食的需求。联合国粮农组织制定了行业气候变化战略、框架、目标和指南，来应对气候变化对农业和粮食安全带来的挑战，以加强农业部门的气候适应能力，并通过提供技术和合作来推动各国将农业纳入国家适应计划。联合国粮农组织从增强气候变化韧性，保障人民生计，提高农业系统的抗灾能力，管理遗传资源，加强气候变化风险评估等方面提供一系列的建议；协调国际社会提供直接支持。此外，联合国粮农组织在危机发生后或灾害情况下向受影响的国家和社区提供紧急融资和技术指导，以帮助其应对气候变化带来的挑战（FAO Climate Change Strategy Framework，2017）。

不仅如此，联合国粮农组织还推出气候智能型农业（climate-smart agriculture，CSA），目的是持续地提高生产能力、收入和对气候变化的适应能力，减少乃至消除温室气体排放，进而促进国家粮食安全和可持续发展目标实现的农业。例如，在非洲通过关注气候适应型种植技术的推广，以及提供气候信息和农业保险等服务，帮助农民应对气候变化带来的挑战。在亚洲和太平洋地区，联合国粮农组织通过气候智能型农业项目支持农业系统的转型，促进农民采用气候适应型种植技术和农业管理实践，帮助提高粮食生产量，增加农民收入，并提高农村社区对气候变化的适应能力。在欧洲和中亚地区，联合国粮农组织重点关注提高农业生产力和农民收入，同时增强农村社区对气候变化的适应能力（*Climate-Smart Agriculture Sourcebook*，2017）。

1.2.1.4 亚洲开发银行

亚洲开发银行（Asian Development Bank，ADB）是亚太地区脱贫的重要力量，致力于帮助亚太地区摆脱贫困，并为该地区的发展提供支持，包括贷款和赠款、政策对话、技术援助、股权投资等，共同推动亚太地区的可持续发展和脱贫工作。

亚洲开发银行关注的主要气候风险问题涉及多个方面。①气候变化会导致人口流离失所问题。预计到2050年，孟加拉国可能有1800万人流离失所，这可能引发亚洲移民潮，需要采取应对措施。②亚太地区有60%以上的人从事农业、渔业和林业等易受气候变化威胁的行业。气候变化可能导致南亚季风带来的降水量和季节模式发生变化，威胁到淡水供应和水资源、能源与粮食安全。气候变化还会增加空间制冷和灌溉的能源需求，影响水力发电和火力发电，增加电力系统故障的可能性。③气候变化可能影响亚太地区一些国家的森林碳汇（*Climate Change Adaptation Strategies*，2012）。

亚洲开发银行提出的气候变化行动战略主要包括以下几个方面：①支持环境友好型技术的使用，采取环境保护措施，并加强环境保护机构的能力，以促进环境可持续发展。②推广有效的环境管理知识和技术，继续支持清洁能源、能效和可持续交通项目，以减轻环境压力，并将气候变化的应对能力纳入发展规划和项目设计中。③加强综合灾害风险管理，以降低自然和环境灾害面前的脆弱性，包括推广自然资源管理来保护和保持土地、森林和水资源的生产潜能。④扩大清洁能源的使用，以减少对传统能源的依赖，降低碳排放，并促进环境可持续发展。⑤支持交通和城市的可持续发展，包括提高交通和城市基础设施的效率，减少对自然资源的消耗，以及降低对环境的负面影响。⑥将促进土地利用和森林的管理，以提高其固碳能力，减缓气候变化的影响。

亚洲开发银行在应对气候变化方面已经取得了一些重要成果，通过全球环境基金赠款，亚洲开发银行成功推广了可持续土地管理的新理念，包括生态系统综合管理、生态系统服务付费以及公私合作等。亚洲开发银行还通过设立这些基金，与发展中成员国共同努力，转型到低碳增长模式，提高其气候变化适应能力，如为塔吉克斯坦制订国家气候变化行动计划，提高其气候变化适应能力。亚洲开发银行通过举办研讨会、现场电视报道、卫星转播、纪录片等形式，提高公众对气候变化威胁的认识（*ADB Climate Change Operational Framework* 2017—2030，2017）。

1.2.1.5　经济合作与发展组织

经济合作与发展组织（下文简称经合组织；Organization for Economic Co-operation and Development，OECD）是由34个市场经济国家组成的政府间国际经济组织，旨在共同应对全球化带来的经济、社会和政府治理等方面的挑战，并把握全球化带来的机遇。

经合组织近年来从多个角度关注气候变化风险，其中主要涉及以下几个方面：①气候变化对不同产业部门的影响，尤其对卫生和农业部门的负面影响以及部分农产品产量提高的预期；②气候变化对全球经济的影响，预计到2060年将导致全球国内生产总值（GDP）降低1%~3.2%，尤其是对非洲和亚洲地区经济的负面影响较为显著；③气候变化对粮食安全的影响，预计到2050年，虽然人均热量摄取将普遍增加，但一些发展中国家面临的粮食安全威胁将增加；④气候变化对社会和生态系统的影响，预计在21世纪将创造多项新的历史纪录，导致更大的社会和生态系统价值损失。

经合组织在其气候变化行动战略中主要采取以下举措：①政策方面，致力于改善市场和政府的运作，抵制保护主义，鼓励公平和有效的税收和投资制度，创造良好的就业机会，反对腐败。②经济方面，积极寻求绿色增长和就业的策略，提供工具，增加妇女在教育、就业和创业方面的机会；帮助促进私营企业创新，提高经济增长和就业率；支持成员和主要非成员经济体制定高质量的教育、技能、健康和社会保护政策，降低全球经济中的不平等，支持包容性增长。③通过与其他国际和区域组织如区域发展银行建立伙伴关系，加强其区域活动，致力于加强与东南亚、拉丁美洲、东南欧、亚欧大陆、撒哈拉以南非洲以及中东和北非地区的政策对话，并为区域经济和社会发展规划的革新提供支持。

经合组织发布了多份报告评估了气候变化的影响，包括农业适应、气候变化风险与适应性、气候变化的经济后果等。《适应与创新：作物生物技术专利数据分析》（2018）定量分析了农作物生物技术在应对气候变化方面的创新情况，为政策制定提供了重要参考，在应对气候变化方面做出了重要的贡献（OECD Environmental Outlook to 2050: The Consequences of Inaction，2012）。

1.2.2 我国应对气候变化的主要政策措施

中国是最早制定实施应对气候变化国家方案的发展中国家。2007年6月，中国政府发布《中国应对气候变化国家方案》，全面阐述了中国在2010年前应对气候变化的对策。这不仅是中国第一部应对气候变化的综合政策性文件，也是发展中国家在该领域的第一个国家方案。2008年10月，中国政府发布《中国应对气候变化的政策与行动》白皮书，全面介绍中国减缓和适应气候变化的政策与行动，成为中国应对气候变化的纲领性文件。此外，在气候治理方面，中国积极推进南南合作，向发展水平较为落后的国家和地区提供力所能及的支持。2014年9月，中国宣布从2015年开始将在原有基础上把每年的南南合作资金支持翻一番，建立气候变化南南合作基金，并提供600万美元支持联合国秘书长推动应对气候变化南南合作。2015年9月，中国宣布出资200亿元人民币建立"中国气候变化南南合作基金"，用于支持其他发展中国家应对气候变化。多年来，中国在应对气候变化方面取得了显著成效。

1.2.2.1 我国应对气候变化的政策措施

2020年9月22日，中国国家主席习近平在第七十五届联合国大会一般性辩论上郑重宣示："中国将提高国家自主贡献力度，采取更加有力的政策和措施，CO_2排放力争于2030年前达到峰值，努力争取2060年前实现碳中和。"中国正在为实现这一目标而付诸行动。实现碳达峰、碳中和是中国深思熟虑作出的重大战略决策，是着力解决资源环境约束突出问题、实现中华民族永续发展的必然选择，是构建人类命运共同体的庄严承诺。中国将碳达峰、碳中和纳入经济社会发展全局，坚持系统观念，统筹发展和减排、整体和局部、短期和中长期的关系，以经济社会发展全面绿色转型为引领，以能源绿色低碳发展为关键，加快形成节约资源和保护环境的产业结构、生产方式、生活方式、空间格局，坚定不移走生态优先、绿色低碳的高质量发展道路（中华人民共和国外交部，2020）。

中国加强应对气候变化统筹协调，将应对气候变化纳入国民经济社会发展规划。自"十二五"开始，中国将单位国内生产总值（GDP）CO_2排放（碳排放强度）下降幅度作为约束性指标纳入国民经济和社会发展规划纲要，并明确应对气候变化的重点任务、重要领域和重大工程。中国国民经济和社会发展"十四五"规划和2035年远景目标纲要将"2025年单位GDP CO_2排放较2020年降低18%"作为约束性指标。中国各省（自治区、直辖市）均将应对气候变化作为"十四五"规划的重要内容，明确具体目标和工作任务。

中国积极探索符合中国国情的绿色低碳发展道路。中国主动作为，精准施策，科学有序统筹布局农业、生态、城镇等功能空间，开展永久基本农田、生态保护红线、城镇开发边界"三条控制线"划定试点工作。将自然保护地、未纳入自然保护地但生态功能极重要生态极脆弱的区域，以及具有潜在重要生态价值的区域划入生态保护红线，推动生态系统休养生息，提高固碳能力。

开展重点区域适应气候变化行动。在城市地区，制定城市适应气候变化行动方案，开展海绵城市以及气候适应型城市试点，提升城市基础设施建设的气候韧性，通过城市组团式布局和绿廊、绿道、公园等城市绿化环境建设，有效缓解城市热岛效应和相关气候风险，提升国家交通网络对低温冰雪、洪涝、台风等极端天气适应能力。在沿海地区，组织开展年度全国海平面变化监测、影响调查与评估，严格管控围填海，加强滨海湿地保护，提高沿海重点地区抵御气候变化风险能力。在其他重点生态地区，开展青藏高原、西北农牧交错带、西南石漠化地区、长江与黄河流域等生态脆弱地区气候适应与生态修复工作，协同提高适应气候变化能力（《中国应对气候变化的政策与行动》，2023）。

1.2.2.2　我国应对气候变化的其他措施

①《国家适应气候变化战略2035》指出，减缓是指通过能源、工业等经济系统和自然生态系统较长时间的调整，减少温室气体排放，增加碳汇，以稳定和降低大气温室气体浓度，减缓气候变化速率。在此过程中，已经发生的气候风险不会消除，潜在的气候风险仍在不断累积，甚至在全球实现碳达峰与碳中和后一定时期内仍将持续。在气象观测方面，中国建设结构完善、布局合理、功能完备、业务规范、流程科学、运行稳定可靠的基准辐射观测、大气本底观测、臭氧立体观测、温室气体及碳监测、青藏高原冰冻圈与生态系统观测站网，加强气象探测环境建设和保护。到2025年，着力加强全球气候变暖对我国承载力脆弱地区影响的观测能力建设，增强对基本气候变量的观测能力，强化温室气体观测能力，实现全国全部气候区及关键气候变量观测全覆盖。到2035年，提升全球气候变化及其影响监测能力，基于气候观测系统需求动态评估，持续优化调整国家天气、气候观测网的结构、布局和功能，并实施海洋生态保护修复工程，改善海洋生态环境质量，提升海洋生态碳汇能力，促进海洋渔业资源可

持续利用。在农业与粮食安全方面，开展气候友好型低碳农产品认证：2025年，制定气候友好型低碳农产品认证标准，充分体现适应与减缓的协同效应，选择高附加值经济作物开展气候友好型低碳优质农产品认证试点，在重点农业县市推出具有地方特色的优质气候友好型低碳农产品品牌。2035年，气候友好型低碳农产品认证工作全面推进。

②《中国气候变化蓝皮书（2023）》指出，气候系统综合观测和多项关键指标表明，气候系统变暖趋势仍在持续，中国是全球气候变化敏感区和影响显著区，2022年中国夏季平均气温、沿海海平面高度、多年冻土区活动层厚度等多项气候变化指标创新高。全球变暖趋势仍在持续，中国气象局全球表面温度数据集分析显示，2022年全球平均气温较工业化前水平高出1.13℃，为1850年有气象观测记录以来第六高值；2015—2022年是有气象观测记录以来最暖的8个年份。中国升温速率高于同期全球水平，2022年中国地表平均气温较常年值偏高0.92℃，为20世纪初以来的3个最暖年份之一。中国极端高温事件频发趋强，极端强降水量事件增多，气候风险指数呈升高趋势。1961—2022年，中国极端高温事件发生频次呈显著增加趋势，2022年极端高温事件频次为1961年以来最多。中国极端日降水量事件频次呈增加趋势，平均每10年增多18日。20世纪90年代后期以来登陆中国的台风平均强度波动增强。中国气候风险指数呈升高趋势，2022年高温和干旱风险指数均为1961年以来最高值。全球冰川消融加速，整体处于消融退缩状态。中国天山乌鲁木齐河源1号冰川、阿尔泰山区木斯岛冰川、祁连山区老虎沟12号冰川、长江源区小冬克玛底冰川和横断山区白水河1号冰川均呈加速消融趋势；2022年，乌鲁木齐河源1号冰川和老虎沟12号冰川末端退缩距离均为有观测记录以来的最大值。青藏公路沿线多年冻土退化趋势明显，2022年多年冻土区平均活动层厚度为256cm，是有连续观测记录以来最高值。北极海冰范围呈显著减小趋势，1979—2022年呈一致下降趋势。南极海冰范围创新低，2022年2月，南极海冰范围较常年偏小27.9%，为有卫星观测记录以来最小值。

③《中国应对气候变化的政策与行动2023年度报告》指出，2023年7月召开的全国生态环境保护大会要求处理好高质量发展和高水平保护、重点攻坚和协同治理、自然恢复和人工修复、外部约束和内生动力、"双碳"承诺和自主行动的关系，并将积极稳妥推进碳达峰碳中和作为美丽中国建设的一项重点任务。中国加快发展方式向绿色低碳转型，坚持把绿色低碳发展作为解决生态环境问题的治本之策，加快推动产业结构、能源结构、交通运输结构等调整优化。实施全面节约战略，推进各类资源节约集约利用，加快构建废弃物循环利用体系。完善支持绿色发展的财税、金融、投资、价格政策和标准体系，发展绿色低碳产业，健全资源环境要素市场化配置体系，加快节能降碳先进技术研发和推广应用，倡导绿色消费，推动形成绿色低碳的生产方式和生活方式。积极稳妥推进碳达峰、碳中和。坚持全国统筹、节约优先、双轮驱动、内外畅通、防范风险的原则，落实好碳达峰、碳中和"1+N"政策体系，逐步转向碳排放总量和强度"双控"。构建清洁低碳安全高效的能源体系，加快构建新型电力系统，提升国家油气安全保障能力。完善碳排放统计核算制度，健全碳排放权市场交易制度。巩固提升生态系统碳汇能力。积极参与应对气候变化全球治理。秉持人类命运共同体理念，践

行共商共建共享的全球治理观，坚持真正的多边主义，坚持共同但有区别的责任和各自能力原则，正确处理好碳达峰、碳中和承诺和自主行动的关系，积极参与应对气候变化全球治理。推动碳监测评估试点。实现重点行业、城市、区域3个试点层面全覆盖，5个试点行业共建成93台在线监测设备，建成63个高精度、95个中精度城市监测站点。印发10余项碳监测技术指南或规程。

1.2.3 世界其他国家应对气候变化的主要政策措施

1.2.3.1 发达国家气候变化适应战略与案例

（1）欧盟

欧盟制定了《欧洲适应气候变化绿皮书》（Green Paper from Adapting to Climate Change in Europe），明确了适应行动的框架（European Communities，2009）；2009—2012年的第二阶段聚焦于基础性工作，制定了《适应气候变化白皮书》（White Paper on Adaptation to Climate Change），提高了欧盟的应对能力（European Communities，2009）；从2013年开始的第三阶段则是实施全面的适应战略阶段，发布了《欧盟气候变化适应战略》（EU Climate Change Adaptation Strategy），着重填补知识与行动的差距，提高了欧盟各层级应对气候变化的能力。这些战略旨在减少欧盟的脆弱性，确保在所有相关的欧盟政策中都考虑适应问题（European Communities，2013）。

欧盟城市地区的适应行动呈现多样化和全面性。许多城市已经或正在制定气候变化适应战略或行动计划，并采取了具体措施。一些城市在现有气候战略中明确了减缓和适应的目标，如都柏林的气候变化战略。欧盟通过倡议如"市长适应"鼓励城市实施适应行动，而一些国家如挪威、西班牙则建立了城市间的合作网络，分享经验和提供指导。一些城市专注于特定脆弱性领域，如匈牙利的水管理计划和波兰的降低洪水风险计划。同时，城市也在实施较小规模的当地适应项目和活动，如西班牙的节水城市规划和荷兰阿姆斯特丹的水部门创新倡议"沃特格拉斯"。这些努力旨在增强城市的气候适应能力，确保城市持续运转并提供高质量的生活（EEA，2013）。

（2）英国

英国在国家层面制定了《国家适应规划》，并在地方层面陆续发布了一系列气候变化适应战略或计划。其中，《国家适应规划》明确了建筑环境、基础设施、健康、农业和林业、自然环境、商业、地方政府等领域的适应目标、行动方案、责任部门和进度安排。苏格兰政府2009年制定了《苏格兰气候变化适应框架》，协调各部门行动计划以增加对气候变化的抵御能力。此外，苏格兰还发布了《苏格兰气候变化适应计划》，以应对气候变化对人民、环境和经济的影响（苏格兰政府，2009）。伦敦市政府2010年也制定了《伦敦气候变化适应战略草案》，采用基于风险的方法来理解气候变化的影响，并提出了一系列应对行动，以确保市民对气候变化挑战有所认识，并做好应对准备（大伦敦市政府，2010）。

国家气候变化适应的主要案例包括洪水风险管理、泰晤士河屏障项目和伊斯灵顿绿色空间管理。洪水风险管理和泰晤士河屏障项目旨在制定到21世纪末的洪水风险管理计划，重点关注潮汐洪水。泰晤士河屏障最初是为了保护伦敦免受大型风暴潮袭击，但考虑到海平面上升和潮汐防御系统的老化，需要规划下一代的防御系统（英国环境署，2012）。伊斯灵顿政府通过一系列措施在绿色空间内实施适应性措施，包括可持续种植和植树项目。可持续种植方面，政府考虑种植耐旱植物、增加可持续城市排水系统，并改变维护方案以增加草的生长时间。植树方面，政府选择种植了部分树种，以适应未来气候变化的预测模型[（英国）环境、食品及农村事务部，2009]。

（3）德国

《德国气候变化适应战略》（德国联邦环境署，2008）旨在为德国适应气候变化的影响制定框架，强调了多个方面的行动：减少气候变化对自然、社会和生态系统的危害，维护它们的稳定性，并提升它们适应气候变化的能力。实现这一目标需要明确风险、增强社会意识、制定决策并实施行动。其基本原则包括公开、合作、科学、灵活、预防、辅助、适度、整体考虑、国际责任和可持续等。这些原则指导着德国在应对气候变化方面的行动，并指出气候变化带来的影响主要是更频繁和强烈的极端事件，各个领域需要采取不同的适应行动，包括建筑工业、能源行业、农业、人类健康等。行动领域包括适应措施与实行、综合对话与参与、监管和评估。这些领域指导着政府在实施适应战略时应采取的行动。《德国气候变化适应战略》的行动规划进一步明确了政府在支持适应战略方面的具体行动，包括提供知识、信息和能力，建立管理法律框架，履行联邦责任行动和承担国际责任。这些行动旨在推动适应战略的实施，并为未来的发展奠定基础。

德国的气候变化适应战略和行动规划提供了有益的启示和案例。汉堡"区域气候变化适应"战略旨在降低气候影响，制定2050年区域气候适应总体策略。通过整合区域规划和城市规划，保障区域工业生产和居民生活安全。例如，项目针对易北河洪水可能泛滥的区域进行了自然与生态规划，将"洪水防御"转变为"洪水规划"（Klimzug-nord，2009）。"气候变化空间发展战略"选取了8个区域作为试点，研究空间规划工具对气候变化适应的策略和措施。项目分为转移区和试点区，针对不同地区的气候变化威胁提出具体措施，如保护淡水资源、城市绿色通风廊道规划等。"气候变化动态适应行动"项目针对埃姆舍尔–利珀地区，分析了如何通过动态方法适应气候变化的影响。关注区域水资源平衡的影响，并研究人文、经济和环境的适应选择。项目作为示范项目在集合城市及周边的气候变化适应方面具有国内和国际意义（Klimanoro，2016）。

（4）法国

法国的国家气候变化行动战略包括以下两个重要文件：一是《国家适应气候变化战略》（国家适应气候变化战略，2007）设立了4个总体目标：优先考虑公共健康与安全，保护人员和财产；考虑社会各方面问题，在风险到来之前缓和不平等现象；降低成本并使效益最大化；保护自然环境。初步确定了6个优先领域，包括增加气候科学认知、加强气候监测系统、提高各方对气候风险的意识、促进区域方法考虑相关气候影响的区域方法、资助适应行动、利用现有政策工具。提出了3种互补的适应措施方法：

跨部门方法、基于部门的方法和基于生态系统的方法。此外，还提出了针对农业、能源和工业、交通、建筑业、旅游业等领域的具体适应对策建议。二是《国家气候变化影响适应规划（2011—2015）》包含了20个领域的84项行动和230条具体措施，涵盖了健康、水资源、生物多样性、自然灾害等多个方面[《国家气候变化适应计划（2011—2015）》，2011]。

法国国家气候变化适应案例包括：①综合性海岸线管理。法国生态、可持续发展与能源部发布了《国家综合性海岸线管理战略》，旨在应对海岸侵蚀等挑战。其案例是地中海沿岸丽都海滩的重建，通过技术、监控和调查行动恢复了海滩的自然循环和沙丘植被。主要行动包括重建旧路、沙丘部分重建和沙"营养"计划。该项目投资约200万欧元，取得了明显成果，如海滩宽度恢复、植被生长、沿海道路重建等[《国家海岸线综合管理战略》，2012]。②可持续森林管理。在法国诺曼底地区，制订了一个计划以应对气候变化对森林生产力的影响，包括定义新的疏伐体制和收获标准。还包括公共森林在内的森林管理者同意实施指导方针，对区域的森林进行管理规划，考虑气候变化影响并重新定义收获标准和疏伐体制。在地方层面，适应性管理计划包括具体建议，如增加橡树比例以对抗预计受到气候变化影响的山毛榉（EEA，2013）。

（5）美国

美国虽然没有制定全国性的国家气候变化适应战略，但针对气候变化问题和敏感部门，制定了相应的适应性战略和优先议程。以下是一些主要的行动和倡议：①构建更强大、安全的社会和基础设施。美国联邦政府通过总统气候行动计划，致力于加强社会和基础设施的适应能力，以保护人民的家园、事业和生活方式，减少受极端天气影响的风险。②保护经济与自然资源。气候变化几乎影响了美国各个经济部门和自然资源的健康与安全。为了保护关键部门和国家重要资产，政府将发起一系列针对特定部门和危害的行动，包括提高卫生部门的适应能力、推动保险业对气候安全的领导、保护土地和水资源等。③利用科学管理气候影响。科学数据和见解对于更好地管理气候变化相关风险至关重要。政府将持续领导推动气候测量与适应的科学、气候相关决策工具的开发，并增加相关科学工具和信息的可用性和实用性（《总统气候行动计划》，2013）。

美国的这些举措旨在应对气候变化带来的挑战，保护关键部门和资源，并提高社会和经济系统的适应能力。虽然没有制定全国性的国家气候变化适应战略，但通过各种临时性和部门性的倡议和行动，在适应气候变化方面取得了一些进展。科罗拉多河流域面临着气候变化带来的挑战，尤其是水资源的减少和使用者之间的竞争加剧，以及极端天气事件的增多等问题（《1922 科罗拉多河契约》，1922）。西部州长协会（Western Governors' Association，WGA）在这方面发挥了重要作用，通过建立联邦、州、部落、地方和私人部门之间的合作伙伴关系，致力于解决包括气候变化在内的一系列问题（美国全球变化研究计划，2014）。

（6）日本

日本重视气候变化的适应研究，并在政府部门层面制定了相关政策。日本的适应行动包括由环境省提出的建议，其中包括加强区域气候脆弱性评估、推出多样化的方案、利用观测结果制定适应措施等。文部科学省也组织并实施了气候变化预测和适应相关的研究计划，包括改进气候模型、预测未来气候变化和评估气候变化对自然灾害的影响等。同时，日本政府科技决策机构提出了《建设气候变化适应型新社会的技术开发方向》，其中强调了强化绿色社会基础设施和创建环境先进城市的重要性（孙傅 等，2014）。

日本在适应气候变化方面采取了一系列实质性的措施，主要体现在以下几个方面：①重在预防和防灾管理。日本政府建立了从中央到地方的危机管理体制和防灾系统，并成立了以首相为主任的防灾委员会，指导全国的防灾和减灾工作，以适应极端气候事件等危机。②加强适应气候变化的基础工作。日本利用气象卫星、气候观测、高空气象观测等手段加强气候变化的观测，实时掌握大气中温室气体浓度的时空变化，为适应气候变化提供观测资料。③评估气候变化对各领域的影响。评估气候变化对日本生态系统、农业、林业、水资源、身体健康、社会和经济的影响，评估灾区的适应性及其受灾程度。④加强适应气候变化相关技术研究。加强研究防洪减灾、水资源利用和管理技术，保护植被、生物多样性等适应性保护技术，以提高对气候变化的适应能力（张庆阳，2010）。

（7）澳大利亚

澳大利亚政府高度重视气候变化的适应性，发布了《国家气候恢复力和适应战略》（Only One Planet，2016）来指导有效的适应实践，还建立国家气候变化适应研究中心（National Climate Change Adaption Research Facility，NCCARF）和气候适应旗舰项目（Climate Adaption Flagship），提供气候变化信息、支持适应规划和提高研究能力（国家气候变化适应研究中心，2015）。气候战略行动方面，在规划实践上，澳大利亚政府在规划体系内通过开发控制来对抗海平面上升；在科学研究上投入大量的科研力量，来评估气候变化对沿海地区的各种影响，包括海滩和河流沉积物、沿海定居点和基础设施、沿海生态系统等，为制定政策和应对措施提供了科学依据。

1.2.3.2 发展中国家气候变化适应战略与案例

（1）印度

印度政府针对气候变化已经采取了多项政策措施，旨在减少风险并增强最脆弱区域行业部门的适应能力，主要目的是实现可持续生计和扶贫。以下是已经实施的适应性措施：①作物改良。包括减少作物需水量、应用生物技术研发抗旱性作物、管控虫害等，以及非政府组织在脆弱区域采取主动的农业实践。②防干旱。通过推广农业节水技术、制定合理的干旱保护措施，将干旱对农业生产、水资源和人力资源带来的不利影响降到最低。③沿海地区管理。制定沿海监管区域，在特定范围内限制开发，保护沿岸生态系统，并建设海岸防护基础设施和飓风避难所。④健康管理。监督和控制虫媒病，提供紧急医疗救助，培养发展人力资源。⑤灾害管理。通过国家灾害管理项目为受灾者提供资助款，并鼓励主动防灾规划（印度环境与森林部，2012）。印度政府还制定了《气候变化国家行动计划》，包括国家太阳能计划、提高能源效率国家计划、可持续生活环境国家计划等八大国家任务,以应对气候变化挑战。这些计划涉及多个领域,包括太阳能利用、节能、水资源管理、森林保护、可持续农业等(《印度气候变化国家行动计划》,2008)。印度政府还加强了科技研发和环境监测,建立了气候变化评估网络、喜马拉雅冰川监测计划等,以及制定了《国家灾害管理计划》,旨在减缓风险和加强灾害恢复力(《国家灾害管理计划》,2016)。

印度在应对气候变化方面有一些重要的案例,其中最主要的障碍在于城镇化水平,尤其是对农业生产和沿海城市气候脆弱性的影响。其中,在哈里亚纳邦,实施了"气候智慧"村庄项目,旨在提高农业的适应能力和气候变化弹性。这些村庄采取了多项措施,包括利用天气预报和实时农情信息、实施节水技术、保持水土、精准施肥和能源节约等,以适应全球变暖的挑战。该项目取得了一些显著成果,如增加每公顷小麦产量和节约灌溉水量等(Padma,2014)。孙德尔本斯地区的适应策略包括对易受影响的区域进行分类保护、采取生态移民政策、加强区域规划和堤防建设、开发高效的灾害管理系统以及加强居民的生存能力和适应意识(印度科学与环境中心,2012)。

(2)南非

南非政府在近年来制定了一系列应对气候变化的行动战略(《联合国气候变化框架公约》,2015)。这些战略主要包括以下几个方面:①南非政府通过制定和实施一系列政策和法规来应对气候变化挑战。这些政策和法规可能涵盖能源、工业、交通、农业等各个领域,旨在降低温室气体排放、促进清洁能源发展、改善环境保护等。②制定了国家适应性战略,旨在帮助各个部门和社区更好地适应气候变化带来的影响。这可能涉及农业、水资源管理、城市规划等方面的政策和措施,以减轻气候变化对南非社会经济发展的不利影响。③南非积极参与国际气候变化谈判,并与其他国家和国际组织合作,共同应对全球气候变化挑战。④南非推动能源转型,减少对化石燃料的依赖,加速清洁能源的发展,如太阳能、风能等。⑤南非可能致力于促进可持续发展,通过改善能源效率、推动绿色经济发展等措施来减缓气候变化。

南非在应对气候变化方面取得了一些成功的案例,主要体现在农业、生态系统和林业方面:①农业方面,农业部门采取了种植多种农作物和研发新品种的策略,以适应气温和降水量的变化。这有助于降低农业的脆弱性,提高抗灾能力(Bryan et al.,2009;南非农业部及林业和渔业部,2015)。南非还采取了保护性农业集成方法,包括田间集雨、屋顶和地表径流集水用于灌溉和有机精准农业。这种方法在小规模经营中表现出色,可提高作物产量,减少对水资源的依赖。②生态系统方面,南非作为联合国环境规划署选定的试点国家之一,开展了生态系统服务项目,将生态系统的经济价值集成到政府政策中,这有助于降低灾害风险管理成本,促进生态经济的可持续发展。③林业方面,南非加强了林业社区管理,采取多种模式分类管理,促进社区的可持续发展。这有助于保护林地资源,提高社区的生计水平。还建立了林业景观综合管理机制,包括建立极端气候事件数据库,及时预测灾害风险,最大限度降低火灾损失。这有助于保护森林资源,减少自然灾害对生态系统的破坏(《适应气候变化的国际实践与中国战略》,2017)。

（3）巴西

巴西在应对气候变化方面采取了多项行动战略。巴西东北部面临水资源短缺的问题，政府致力于水利基础设施建设，扩建供水农村居民点和小型农场供水网络，以提供灌溉和鱼类养殖活动所需的水资源。这些措施有助于缓解东北部地区的水资源紧张局面。巴西议会扩展了就业保障计划，当雇主削减30%的收入时，政府将补贴50%，其中65%的补贴用于支付失业保险。此外，巴西还正在制定法案，旨在维持和创造就业机会，打破传统的劳资模式，保护劳工权益（巴西政府新闻，2016）。这些行动战略反映了巴西政府在应对气候变化和促进经济发展方面的努力，但也面临着一些挑战，如何在经济发展的同时保护环境和气候，以及如何进一步提高水资源管理和城市基础设施建设的效率等。

巴西在应对气候变化方面取得了显著的成果，特别是在亚马孙地区的林业资源管理和生态系统保护方面。以下是一些主要案例：巴西成功维持了亚马孙雨林的面积，减少了温室气体排放。在过去的10年中，巴西通过减少砍伐亚马孙森林的行为，有效保护了8600km^{2}的雨林，将砍伐率降至30%。这些举措使得巴西的碳减排量达到了32亿t，为全球碳排放的1.5%。巴西政府通过调节市场需求，限制砍伐森林的行为，鼓励农民转变产业结构，从而减少了森林的砍伐率（Darby，2015；Radford，2014）。亚马孙泛滥平原地区面临着气温上升和极端降水频率增加的挑战，导致社会生态系统受到干扰，自然生态系统更加脆弱。为了应对这一挑战，巴西采取了一系列措施，包括运用地方生态知识，改变农作物耕作方式和种植时间，远离水域迁移畜牧业，提高居民建筑的抗灾能力，完善基础设施和供水系统，加强林业管理等。这些措施有助于提高亚马孙泛滥平原社区的适应能力，优化居民生存模式（《适应气候变化的国际实践与中国战略》，2017）。

1.3 全球碳足迹和碳循环

1.3.1 碳足迹相关概念

碳汇 指从大气中清除温室气体的过程、活动或机制。

碳源 指向大气中排放温室气体的过程、活动或机制。

碳固定 指将CO_2从大气中转化并稳定存储为碳的过程。

碳储存 指通过自然或人为手段，将大气中的CO_2长时间存放在陆地、海洋或地质储层中的过程，以减少大气中温室气体的浓度，减缓气候变化。

碳排放 将碳（通常以CO_2的形式）释放到大气中的过程。

碳循环 城市系统内部以及与外部系统之间，碳以有机碳和无机碳形式不断生成、分解、排放、转移、流通、输入和输出的循环过程。城市系统碳循环包括两个相互联系、相互作用的过程，既包括城市自然生态系统中的碳的生物地球化学循环，也包括人类活动驱动的城市经济系统中碳的流通、转移、代谢和输入输出过程。前者称为碳的生物地球化学循环，后者叫作碳流通。

碳储量　城市系统中，以各种形式为载体的碳的储存量的大小，包括自然碳库和人为碳库两部分（单位：tC）。其中，自然碳库主要是指地表植被、水体的碳蓄积以及1m深表层土壤的碳储存；人为碳库主要是指城市绿地、建筑物、家具、图书和人体等的碳储存。需要说明的是：本教材仅考虑城市系统中的有机碳储量，未对碳酸盐等无机碳部分进行核算。

碳排量　指的是某一特定时间段内，由人类活动或自然过程向大气中排放的CO_2及其他温室气体的总量。

碳收支　指在一定时间和空间范围内，碳元素的输入、输出和储存情况的综合平衡。

碳通量　指在特定时间段内，碳在不同生态系统、地理区域或大气层之间的流动量。

碳足迹　吸纳碳排放所需要的生产性土地（植被）的面积，即碳排放的生态足迹（单位：hm^2），它代表了人为碳排放的环境影响程度。单位面积碳足迹是指吸收单位土地面积上产生的碳排放需要的生产性土地面积（单位：hm^2）。

碳中和　人类为减缓全球气候异常所作的努力之一。人类算出自己日常活动直接或间接产生的CO_2排放量，并算出为抵消这些CO_2所需的经济成本或所需的碳汇数量，然后个人付款给专门企业或机构，由他们通过植树、种草或其他环保项目来抵消大气中相应的CO_2量。

碳库　指在碳循环过程中，地球系统各个存储碳的部分。主要分为地质碳库、海洋碳库、土壤碳库、生态系统碳库等。现已知道，人类活动致使地质碳库变成巨大的碳源，而海洋碳库则是巨大的碳汇。现阶段人类活动影响最为显著的碳库是陆地生态系统碳库。人类活动致使土壤碳库渐成碳源，而生态系统的碳汇功能正在减弱。

增汇　指通过各种措施和活动增加碳汇的容量，以吸收和固定更多的CO_2等温室气体，从而减缓气候变化的影响。

减排　指通过各种措施和技术手段减少温室气体排放，从而减缓气候变化的影响。

碳排放系数　指每单位活动或产出所排放的CO_2或其他温室气体的数量。这个系数用于衡量和计算特定活动、燃料或工艺过程的碳排放量，是碳排放核算和管理中的一个重要工具。

1.3.2　碳源与碳汇

温室气体累积排放的增加，导致温室效应，使全球面临严峻的气候问题，对能源、生态环境、人类生存发展的影响显而易见。应对手段一方面是提高对气候变化的适应能力，另一方面是增强对气候变化的减缓能力。而减缓气候变化关键是减少温室气体在大气中的积累，即减少温室气体排放（源），增加温室气体吸收（汇）。

具体地说，温室气体的源是指温室气体成分从地球表面进入大气，如燃烧过程向大气中排放CO_2，或者大气中一些物质经化学过程转化为某种气体成分，如大气中CO被氧化成CO_2，对于CO_2来说也叫源。温室气体的汇则是指一种温室气体移出大气，到达地面或逃逸到外部空间（如CO_2被地表植物光合作用吸收），或者是温室气体在大气中经化学过程转化，成为其他物质成分，如N_2O在大气中发生光化学反应而转化NOx，对NO也构成了汇。

一般来说，人和植物分别为典型的"碳源"和"碳汇"；人的呼吸是吸进氧气呼出CO_2，而植物的光合作用则相反，它吸收CO_2放出氧气。事实上，自然界中的很多物质（物体），在源与汇的区别上常常不那么明显。很多物体在某些条件下是释放CO_2的"碳源"，在另外一些情况下就可能是吸收CO_2的"碳汇"。依据碳排放的性质，不可再生碳的排放，即化石能源是目前世界上真正长期稳定的"碳源"和"碳汇"。而我们这里所说的"碳源"和"碳汇"，是发生在地球表面的可再生的碳排放，即在地球表面的各种动植物正常的碳循环，包括使用各种可再生能源的碳排放，是在一定的时间尺度内的、不稳定的"碳源"和"碳汇"。中国陆地生态系统主要表现为碳的吸收汇。20世纪八九十年代，中国的主要森林区均为碳吸收汇，四川盆地、华东和华北平原等主要农业区也为碳汇，青藏高原和内蒙古东部草原地带为弱的碳汇，西北地区碳收支接近平衡，中国南方丘陵山区和东北平原为碳排放源。

增加碳汇的主要方式是减排。狭义的减排是指减少温室气体的排放。减少排放源主要通过采用节能减排技术和设备降低能耗、清洁化石能源、开发可再生能源及先进核能等；广义的减排还包括为增加CO_2吸收而采取的增汇行动，如造林、种草、恢复天然草原植被等能够增加碳汇的人为固碳活动，即增加除大气之外的碳库的碳含量的过程。生物固碳过程包括通过土地利用变化、造林、恢复草地植被以及加强农业土壤碳吸收来去除大气中的CO_2。物理固碳过程包括分离和去除烟气中的CO_2，加工化石燃料产生氢气，或将CO_2长期储存在开采过的油气井、煤层和地下含水层中等。

1.3.3 全球碳循环

全球碳循环是指碳在生态系统中的迁移运动。这种运动包括在物理、化学和生物过程及其相互作用驱动下，各种形态的碳在各个子系统内部的迁移转化过程，以及发生在子系统之间（如陆地和大气界面、海洋与大气界面等）的通量交换过程。其主要过程包括陆地和海洋生物圈的碳固定与呼吸排放，土壤圈的碳平衡，河流的碳运输及海底和岩石圈的碳沉积等。就流量来说，全球碳循环中最重要的是CO_2的循环，CH_4和CO是较次要的循环。

碳的生物地球化学循环主要有3条途径：①始于绿色植物并经陆生生物与大气之间的碳交换；②大气与海洋间的碳交换；③人类对化石燃料的应用。这3条不同路径的相互联结、相互作用就构成了全球碳循环。也有人认为，碳循环的途径主要有生物小循环和地质大循环。生物小循环包括：①在光合作用和呼吸作用之间的细胞水平上的循环；②大气CO_2和植物体之间的个体水平上的循环；③大气CO_2—植物—动物—微生物之间的食物链水平上的循环。地质大循环是指碳以动植物有机体形式深埋地下，在还原条件下，形成化石燃料，于是碳便进入地质大循环。

（1）有机体和大气之间的碳循环

自然界碳循环的基本过程是大气中的CO_2被陆地和海洋中的植物吸收，通过生物或地质过程以及人类活动，最后以CO_2的形式返回大气中。

绿色植物从空气中获得CO_2，经过光合作用转化为葡萄糖，再整合成为植物体的碳化合物，经过食物链的传递，成为动物体的碳化合物。植物和动物的呼吸作用把摄入体内的一部分碳转化为CO_2释放入大气；另一部分则构成生物的机体或在机体内储存，动物、植物死后，残体中的碳，通过微生物的分解作用也成为CO_2，而最终排入大气。大气中的CO_2这样循环一次约需20年。

（2）大气和海洋之间的CO_2交换

CO_2可由大气进入海水，也可由海水进入大气。这种交换发生在大气和水的界面处，有机体、海洋与大气间的碳循环主要过程包括：①碳的同化过程和异化过程，主要是光合作用和呼吸作用；②大气和海洋之间的CO_2交换；③碳酸盐的沉淀作用。

（3）人类干扰的碳循环

在人类干扰条件下，碳循环的动态变化可用以下方程来表示：

$$dCO_2/dt = C+D+R+S+O-P-I-B$$

方程左边表示大气中CO_2量随时间的动态变化率，右边各项代表大气CO_2的源和汇（正号项为碳源，负号项为碳汇）。主要碳源包括：C为化石燃料燃烧释放到大气中的CO_2；D为土地利用（包括森林砍伐、森林退化、开荒等）释放到大气中的CO_2；R为陆地植物的自养呼吸；S为陆地生态系统植物的异养呼吸（包括微生物、真菌类和动物）；O为海洋释放到大气中的CO_2。主要碳汇包括：P为陆地生态系统通过光合作用固定的CO_2；I为海洋吸收大气中的CO_2；B为沉积在陆地和海洋中的有机碳和无机碳。

1.4 气候变化下的城乡绿色发展

1.4.1 城市化与城市环境问题

1.4.1.1 城市与城市化

城市是人类发展到一定阶段的必然产物，从一定意义上可讲，人类发展的文明史就是一部城市发展史。城市拥有比较集中的用地和较高的人口密度，便于建设较完备的基础设施，包括铺装的路面、上下水道及其他公用设施，且具有较多的文化设施。城市化是一个人类生产和生活方式由乡村型向城市型转化的历史过程，表现为乡村人口向城市人口转化及城市不断发展和完善的过程，是一个国家或地区实现人口集聚、产业集聚、财富集聚、智力集聚和信息集聚的过程，同时也是一个生活方式进步、生产方式进步、社会方式进步、文明方式进步的过程。

通常采用城市化水平作为城市化的衡量指标。城市化水平又称城镇化水平，是指城镇人口占总人口的比重。

$$城市化水平 = \frac{城镇人口}{总人口} \times 100\%$$

人口按其从事的职业一般可分为农业人口与非农业人口（第二、第三产业人口），按目前的户籍管理办法又可分为城镇人口与农村人口。

在工业文明的普及过程中，人口逐渐向城市集中，使得城市扩大、城市数量增多。1800年全世界城市化率仅为3%，1850年达到7%，1900年为15%，1950年为30%；2000年，全世界城市化率已接近世界总人口的一半，达到48%；2006年，全世界城市人口增加了4倍多，第一次超过农村人口；预计到2050年城市人口将超过70%。城市的扩张使原有的城市结构发生了变化，城市地域扩大，形成了城镇密集区及大城市地域。

随着城市化进程的不断加速，交通、通信技术的革新与普及，从煤、蒸汽到石油、电力等能源利用的变革，带来了各个领域的重大变化。产业结构发生转变，第二、第三产业的比重不断提高，第一产业的比重相对下降，工业化的发展也带来农业生产的现代化，农村多余人口转向城市的第二、第三产业。土地及地域空间也发生变化，农业用地转化为非农业用地，由比较分散、低密度的居住形式转变为较集中成片的、密度较高的居住形式，从与自然环境接近的空间转变为以人工环境为主的空间形态。

1.4.1.2　城市环境问题

环境污染已成为全球关注的严重问题。其根源可归结为自然和人为两大类：自然源的污染，如火山爆发和森林火灾，尽管事件偶发，但可能对环境造成长期影响；更常见的是人为源的污染，这主要包括工业生产、交通排放、城市开发和农业活动等。

随着产业结构的变化和人民生活水平的提升，人口和资本在城市中急剧集中，使得现有的城市设施和结构在数量和质量上难以适应这些变化。人类活动不断向自然界排放大量有害物质，当这些物质的量超出生态系统的降解能力时，便会打破生态平衡，从而造成环境恶化，诱发如大气污染、土壤污染等多种环境问题。

由于其普遍性和频繁性，这些活动已成为公众和政策制定者关注的焦点。城市化过程中过密和混乱的扩展又进一步加剧了这些环境问题，导致了诸多城市问题的出现：①环境污染严重，原有生态环境改变环境质量下降，趋于恶化；②中心区人口密集；③交通拥挤；④地价房租昂贵，居住条件差；⑤失业人口增多；⑥社会秩序混乱。

这些问题复杂地交织在一起，不只是局限在某一地区、牵涉某些人，而是全域性的、全面的产生和发展，只采取单独的、个别的对策反而有可能促使另一个问题恶化。有效的解决方案需要考虑空间、时间、技术、经济财政及社会各方面的限制和可能性。

1.4.2 气候变化下的城乡绿色转型

1.4.2.1 中国城市绿色发展与思想溯源

自古以来,"天人合一"思想是中华传统文化思想的重要精髓,也是中国传统文化中论述人与自然关系的总纲。"天人合一"的思想源于上古时代。古人认为,人生活在天地之间,与天地自然彼此形成一个天人相通、以五脏为核心的有机整体。

古人重视人、天和美的共生关系,天人合一思想贯穿于中国传统生态文化的理论观点和思想体系之中,体现了中华文化协调、和谐的文化基因,表达了对人与自然和谐共生的追求,是一种向往天、地、人和平共存的发展理念。在"天人合一"的指引下,人与自然和谐相处的现代化融通古今。

当今世界,面对资源环境约束趋紧、生态系统退化的难题。中国站在人与自然共生的高度和为人类文明负责的高度谋划发展,以生态惠民、生态利民为价值追求,在取法自然、万物一体的基础上积极参与全球环境治理,通过实施一系列的政策和措施,以确保环境保护目标的实现,在绿色发展的自觉性和主动性中形成具有中国特色的生态文明思想。

建立生态文明建设的法规政策体系 通过制定和执行更严格的环境保护法规来控制污染源,以减少或消除污染事件的发生。随着党和政府把生态文明建设作为党的纲领和国家战略,我国出台了一系列相关法律法规和政策。党的二十大报告中指出,我们要推进美丽中国建设,坚持山水林田湖草沙一体化保护和系统治理,统筹产业结构调整、污染治理、生态保护、应对气候变化,协同推进降碳、减污、扩绿、增长,推进生态优先、节约集约、绿色低碳发展。

开展节能减排工作、发展循环经济 通过合理的城市和区域规划,优化产业布局和交通系统,减少环境压力。2020年9月,习近平主席在第七十五届联合国大会一般性辩论上阐明,应对气候变化的《巴黎协定》代表了全球绿色低碳转型的大方向,是保护地球家园需要采取的最低限度的行动,各国必须迈出决定性步伐。同时宣布,中国将提高国家自主贡献力度,采取更加有力的政策和措施,力争于2030年前使CO_2排放达到峰值,同时努力争取2060年前实现碳中和。

推进生态保护 采用生态恢复的方法,以提高自然环境的修复能力、美化城乡景观。"十四五"时期,人民对优美环境的诉求更加迫切,我国进入提供更多优质生态产品以满足人民日益增长的优美生态环境需要的攻坚期,也进入有条件有能力解决生态环境突出问题的窗口期。生态保护和修复是一项整体性、系统性、复杂性、长期性工作,必须顺应新时代要求,统筹山水林田湖草沙一体化保护和修复,促进生态系统良性循环和永续利用,提升国家生态安全屏障质量。

这些努力体现了中国在全球环境治理中的积极参与和领导角色,力求采取全面系统的一系列措施，积极应对气候变化、实现可持续发展。

1.4.2.2 国外城市绿色变革与思想溯源

面对气候变化这一严峻挑战，多年来各国采取了一系列措施和变革来改善、保护生态环境。

18世纪工业革命起，人们开始关注城市的生存环境，探讨城市与生态环境的关系。19世纪末英国的霍华德（E. Howard）出版了《花园城》，提出了田园城市理论，开始运用生态学的理论和方法对城市进行研究；1933年《雅典宪章》规定城市规划的目的就是使人类居住、工作、游憩、交流四大活动的功能正常发挥，进一步明确了城市环境有机综合体的思想；20世纪初，以帕克的《城市和人类生态学》、美国卡尔逊（R. Carson）的《寂静的春天》、罗马俱乐部的《增长的极限》等为代表的一批国外学者将生态学思想运用于城市生态学的研究，奠定了生态城市的理论基础。

20世纪30年代，美国现代建筑学泰斗兰克·赖特鉴于当时汽车工业的迅速发展，曾提出过"广亩城市"的构想；20世纪70年代，联合国教科文组织发起的"人与生物圈计划"，提出了研究影响城市生态系统健康及人地关系和谐的因素，分析了造成城市环境问题的原因，并首次提出"生态城市"这一概念。

2003年，英国率先在《我们能源的未来》白皮书中提出"低碳经济"这一概念；2005年2月16日，《京都议定书》的正式生效标志着国际社会在控制温室气体排放、抑制全球变暖方面的共同承诺，该协议的实施促使全球超过100个国家承诺采取有效的环保措施。随着"低碳城市"理念的不断推广，世界范围内掀起了一股低碳城市建设的热潮，学者、公众与各国政府对于低碳城市的关注度与日俱增。

1.4.3 城乡绿色发展的相关概念

应对气候变化条件下城市的绿色变革与转型，应当统筹人口、资源、环境、发展，以建设"资源节约型、环境友好型、气候安全型"城市（简称"三型"城市）为目标模式。"三型"城市就是针对保护生态环境、应对气候变化、维护能源资源安全等全球面临的共同挑战，以人、城市和地球相融合，经济的可持续和生态环境的可持续相统一，以节能、环保、低碳为主要特征的城市，是由工业文明条件下的城市向生态文明条件下转型的城市。

1.4.3.1 生态城市

生态城市是指经济高效、社会和谐、生态良性循环的城市发展模式，是结构合理、功能高效、协调发展的复合生态系统。这种城市模式不仅分享全球或区域生态系统的公平承载能力，而且基于生态学原理构建，实现了自然和谐、生态公正与经济效益的有机结合，也凸显了其独特的人文特色，其设计旨在实现自然与人工的协调，并促进人与人之间的和谐相处，创造理想的人居环境。

全球许多国家都已提出建设生态城市的目标，包括欧洲的英国、法国、德国、瑞典、荷兰、挪威、冰岛、西班牙、意大利、斯洛伐克和保加利亚，亚洲的中国、日本、韩国、印度、阿拉伯联合酋长国和菲律宾，以及北美的美国和加拿大等。

1.4.3.2　低碳城市

低碳城市是基于低碳经济提出的一个概念，核心是在经济高速发展的前提下，城市保持低水平能源消耗和CO_2排放。这一概念直接源于应对全球气候变化的需求，深层原因则在于改变和转型城市的生产和生活方式及其发展模式。

在低碳城市中，市民将低碳生活作为其行为的核心理念，政府则把建设低碳社会作为规划蓝图，努力实现城市生活的低碳化、城市空间的紧凑化以及物质生活的循环化。这种空间的紧凑化不仅促进了土地使用的节约，还保障了城市功能的多样化和复合化，显著提高了土地和其他资源的开发利用效率。这一发展模式鼓励社区建设从外延式扩展向内涵式发展转变，促进高密度、紧凑的发展与混合功能社区的建设相结合。在低碳城市发展背景下，中国提出了"双碳"目标，作为国家推动构建人类命运共同体责任的体现，同时也是实现可持续发展的战略需求。这一战略不仅为全球有效实施《巴黎协定》提供了动力，还展示了中国在应对气候变化和推动绿色低碳发展道路上的坚定决心。所谓"双碳"目标，包括碳达峰和碳中和两个方面。

碳达峰指在某一个时点，CO_2的排放达到峰值不再增长，之后逐步回落；我国的目标是在2030年实现碳达峰。

碳中和指国家、企业、产品、活动或个人在一定时间内直接或间接产生的CO_2或温室气体排放总量，通过植树造林、节能减排等形式，以抵消自身产生的CO_2或温室气体排放量，实现正负抵消，达到相对零排放。我国的目标是在2060年实现碳中和。

1.4.3.3　田园城市

田园城市是1902年由英国学者霍华德提出的概念，旨在寻找一条化解大城市矛盾的城市发展的新路径，协调城市与乡村、人与自然的关系已成为以后新城市建设的理念。提倡在城市发展中融入田园般的绿色空间，创造一个既具有城市生活便利性又能享受乡村宁静与美丽自然环境的居住模式。

随后在1918年，奥斯本对霍华德的原始概念进行了进一步的充实和扩展，提出了新城理念。这一理念在田园城市基础上加强了社区自治与经济自足的特点。从1903—1919年，英国根据这一理念成功建立了两座田园城市。这些早期的实践不仅证实了理论的可行性，还为后来全球范围内的新城建设提供了宝贵经验。

这种融合城市便利与乡村宁静的理念随后在全球范围内得到广泛应用，各国在新城建设中广泛借鉴了田园城市的理论，并根据各自的国情和地理环境进行了适应性调整。实践表明，田园城市不仅是一种城市规划理念，更是一种追求可持续发展、环境友好和社会和谐的全球性城市建设策略。

随着社会经济的高速发展和城市化的加速，资源消耗的种类和数量显著增加，资源开采与利用方式也更加多样化。这些因素共同影响着生态系统的生产力和碳汇功能。与此同时，随着人们生活水平的提升和健康及环保意识的增强，低碳生活方式已成为社会发展的主流。

总体来看，生态恢复对于维护生态系统的健康和功能至关重要。众多生态建设工程已经有效地改善了植被覆盖状况，植被覆盖度、叶面积指数增加，显著增强了其生态系统的初级生产力。尽管如此，生态系统过程和功能恢复依然任重道远。因此，未来建设需重视生态系统服务功能的增强。维持生态系统服务的持续性与平衡，强化其增汇、减排的效果，并进一步提升整体生态环境质量，为未来的城市生活提供更强大的生态支持。

思考题

1. 比较分析各个国家在应对气候变化方面采取的政策措施的异同。
2. 城市规划中应用碳足迹评估的主要挑战和机遇是什么？

拓展阅读

1. 碳汇概要. 董恒宇，云锦凤，王国钟. 科学出版社，2012.
2. 应对气候变化的城市规划. 洪亮平，华翔. 中国建筑工业出版社，2015.

参考文献

董恒宇，云锦凤，王国钟，2012. 碳汇概要[M]. 北京：科学出版社.
杜受祜，2015. 全球变暖时代中国城市的绿色变革与转型[M]. 北京：社会科学文献出版社.
李金路，2023. "天人合一"整体观对中国传统风景园林的影响[J]. 中国园林，39（9）：6-10.
吴雅，2019. 低碳城市建设的演变规律及提升路径设计研究[D]. 重庆：重庆大学.
杨赉丽，2019. 城市园林绿地规划[M]. 5版. 北京：中国林业出版社.

第2章 城乡蓝绿空间概述

学习重点

1. 了解城乡蓝绿空间的概念和价值；
2. 熟悉城乡蓝绿空间碳增汇减排的措施；
3. 掌握碳足迹评价相关概念。

  本章主要讨论了气候变暖对全球社会、经济和环境带来的挑战，表明了城市作为碳排放主要源地的重要性。通过植物的光合作用和土壤储存碳的机制，城乡蓝绿空间直接增加碳汇，同时通过缓解热岛效应和引导绿色出行间接降低碳排放。本章还阐述了对城乡蓝绿空间碳汇能力的测量和降碳潜力的挖掘的重要性，并介绍了碳足迹评价在此过程中的作用，以支持城市的可持续发展和协调发展。

  以气候变暖为显著特征的气候变化对全球社会、经济和环境的可持续发展带来了严峻挑战，而人类活动，特别是发达国家大量消费化石能源所产生的CO_2累积排放，显著增加了大气中温室气体浓度，加剧了全球气候变暖。城市是人类活动集中分布的区域，也是碳排放的主要源地，全球75%~80%的碳排放来源于城市中的活动，而我国城市产生的碳排放量占全国碳排放量的比例高达85%。

  城乡蓝绿空间作为城市生态本底，是促进城市增碳汇、减碳排的重要自然碳汇用地，对实现国家碳中和目标具有重要意义。一方面，植物通过叶片的光合作用固定CO_2、积累净碳量，土壤依托植物光合作用、分解作用等，以有机物和无机物的形式储存碳，直接增加碳汇；另一方面，城乡蓝绿空间通过缓解城市热岛效应降低建筑能耗，并引导居民绿色出行，间接降低碳排放。此外，城乡蓝绿空间的自然教育功能对实现碳中和同样有促进作用。因此，准确地测量城乡蓝绿空间的碳汇能力，客观地挖掘其降碳潜力，系统化提升降碳增汇技术变得尤为重要。

  碳足迹评价因其概念形象易懂，在碳减排工作中发挥了重要作用，目前已经成为应对气候变化社会行动与科学研究的重要工作领域。碳足迹评价可以有效识别城乡蓝绿空间的源和汇，确定优先改造区域，制定相应的政策和措施，为城市的可持续发展提供重要支撑，是促进城市实现经济、社会和环境的协调发展的有效手段。

2.1 城乡蓝绿空间概念和价值

城乡蓝绿空间是人与自然的纽带，在城乡人居生态环境的建设中起着极其重要的作用。作为一个综合系统，它可以减少径流，增加生物多样性，并通过获取宝贵的自然资源带来生态和健康效益。

城乡蓝绿空间作为融合的生态系统，关注区域、城市和乡村层面的城乡蓝绿空间的数量、质量、功能价值和人居环境的关系，特别是固碳释氧、降温增湿等生态系统服务价值供给，正受到更多关注。

2.1.1 城乡蓝绿空间概念

城乡蓝绿空间（urban and rural blue-green space）是由城市公园、绿地、林地等绿色空间和河流、湖泊等蓝色空间组成的。

城乡蓝绿空间作为融合的生态系统，是由植被和水系之间的连接形成的弹性系统，包括绿色成分（植被及其土壤系统）和蓝色成分（水机有机质），即绿色空间系统和蓝色空间系统。

蓝绿空间系统专项规划的对象为蓝绿空间系统。在市县级国土空间规划中，"蓝绿空间系统"指城镇开发边界内各类绿地、水域、湿地等开敞空间所构成的空间系统。所谓"蓝"的空间系统，既应包括城镇集中建设区和城镇弹性发展区内的水体空间及其蓝线控制范围内的空间，也应包括特别用途区的水体空间及其蓝线控制范围内的空间；所谓"绿"的空间系统，既应包括公园绿地、防护绿地、附属绿地等纳入城市建设用地统计的绿地，也应包括部分不纳入城市建设用地统计的区域绿地（吴岩 等，2020）。

城乡蓝绿空间由城乡中蓝色空间与绿色空间共同构成，是城乡的生态本底，在消减城乡旱涝、维持生物多样性、减缓城市热岛等多方面发挥了重要的生态服务作用。随着城乡建设发展，蓝绿空间被逐步侵蚀、割裂，不仅自我调节功能降低，而且生态服务功能受到了严重制约。城乡的绿色空间一般占建成区面积的30%~38%，蓝色空间的面积占比则根据不同城市的自然地理状况各不相同。根据统计，2018年武汉都市发展区绿色空间占比为35.04%，蓝色空间为20.09%，蓝绿空间合计占比55.13%。在《国务院关于河北雄安新区总体规划（2018—2035年）的批复》中，提出"将雄安新区蓝绿空间占比稳定在70%，打造蓝绿交织、清新明亮、疏密有度的总体景观风貌"。由此可见，蓝绿空间在中国城乡中占比高达一半以上，是人居环境重要的研究对象（袁旸洋 等，2023）。

依据研究尺度划分，宏观尺度上，城乡蓝绿空间是由河流廊道网络、山脉和各种生态斑块组成的"点-线-平面"绿色廊道网络；中观尺度上，是由林地、农田、公园、绿道和绿地组成的绿色开放空间；微观尺度上，则是由小型绿色广场和绿色雨水基础设施组成。

依据城市化程度划分，城乡蓝绿空间既包括城市地区的蓝绿空间，也包括农村地区的蓝绿空间。根据由自然到人工的梯度划分，依次包括自然森林、自然湿地、经营林地、人工湿地、植被渗透、国家公园、河岸绿地、雨水花园、郊区农田、林地、污水处理湿地、城市农业、农田、生物滞留池、城市公园、水库、街道洼地、果园、屋顶绿化、雨水桶、生态停车场、景观广场等（图2-1）。

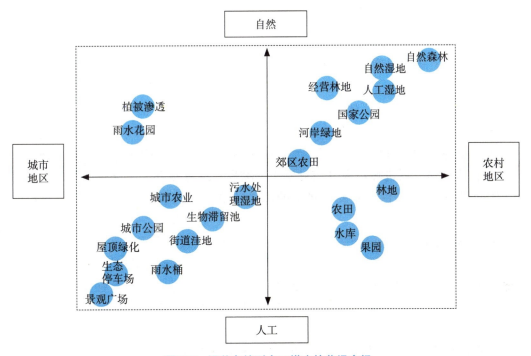

图 2-1 沿着自然到人工梯度的蓝绿空间

事实上，由绿色空间和蓝色空间组成的蓝绿空间系统作为一个相互交织的整体，不仅成为多尺度下生态基础设施网络构建的基础，而且是促进城乡自然体系发展、提高城乡韧性与增强生命力的重要保障。

2.1.2 城乡蓝绿空间价值

城乡蓝绿空间是由市域内绿色空间和水体空间交织组成的整体，是构建多尺度生态基础设施网络的基础，是提高城市韧性与增强生命力的重要保障，也是实现人民高品质生活、推进城市高质量发展的重要资源。

城乡蓝绿空间是增加城市碳汇效能，实现碳中和的重要抓手。城乡蓝绿空间作为一个"土壤-水-植被"的生态系统，通过吸收、储存和固定CO_2，具有很好的碳汇价值。研究表明，蓝色空间是巨大碳库，尤其是湿地、河流、湖泊和沼泽等，其中湿地虽仅占全球陆地表面的5%~8%，但其土壤碳储量占全球陆地土壤碳储量的20%~30%；绿色空间则是碳汇量最大的贡献者，产生的碳汇可以抵消28%~37%的CO_2排放量，对实现碳中和具有不可忽视的促进作用。作为城乡中稀缺的自然资源，城乡蓝绿空间具有突出碳汇潜力，增加城乡碳汇效能，在城乡碳减排中发挥重要作用（武静 等，2022）。

城乡蓝绿空间是构建多尺度生态基础设施网络的基础（蒋理 等，2021）。面对人为干扰和生态安全格局的发展，城乡蓝绿空间通过保持、改善和增加生态系统服务的一系列条件与过程，可以提高区域径流控制、水质净化、降温增湿等生态服务能力，进而保障区域生态安全。例如，在雄安新区规划中，城乡蓝绿空间在宏、中、微观尺度上构建生态保护体系。宏观尺度上，大清河流域确定为重点保护区域与生态廊道，以保障生态安全；中观尺度上，雄安新区将森林斑块与二级生态廊道相结合，形成多层级生态网络；微观尺度上，起步区则以人工湿地与低影响开发设施（LID）设施改善水资源与人居环境。最终，通过不同尺度区域的生态功能满足，确定核心区斑块与廊道宽度，以提升生态系统服务功能，改善城市生态环境，满足居民绿色生活需求（杨萌 等，2021）。

城乡蓝绿空间通过对雨水的截留和吸收抵御洪水冲击，提供集中式雨水基础设施缓解城市内涝，促进城市提升应对洪涝的韧性；通过蒸发、蒸腾和遮蔽提供降温效应缓解热应力，提供躲避高温热浪的凉爽环境，促进城市提升应对高温热浪的韧性。

城乡蓝绿空间是实现人民高品质生活，推进城市高质量发展的重要资源。城乡蓝绿空间作为城乡重要的开放空间，承载着居民休闲游憩、景观美化等重要的社会功能。依托城乡蓝绿空间构建的公园城市就是通过充分发挥其社会效益，增强社区居民的获得感、幸福感以及安全感，以实现人民的高品质生活，推进城市高质量发展（何琪潇 等，2022）。

尽管与城乡蓝绿空间的互动有可能给健康和福祉带来多种益处，但也存在有形的风险和不利之处。气候、极端天气事件和其他环境变化（包括水、空气和土壤污染），人口密度增加，生物多样性丧失，蓝绿空间的维护和基础设施投资减少以及其他类型的环境质量退化，都对城市地区的质量产生了越来越大的影响；另外，包括人员伤亡与安全（溺水、紫外线辐射等）、花粉和过敏、病媒和人畜共患疾病、感染和抗菌药耐药性等不利因素（WHO，2023），本书不再赘述。

2.2 城乡蓝绿空间主要功能

城乡蓝绿空间反映了自然的演替和时空发展中人类对城市与自然的不断干预。城乡蓝绿空间承载着休闲游憩、文化美育等越来越丰富的功能。进入新时代生态文明时期，城乡蓝绿空间更成为改善城市生态、抵御自然灾害、美化城市景观，为市民提供生活、生产、工作和学习、活动的良好环境，具有突出的生态效益、社会效益和经济效益，有效地促进和维护城市发展的良性循环（郑曦，2022）。

2.2.1 生态功能

城乡蓝绿空间具有调节气候、净化空气、水资源管理、土壤保持、生物多样性维护和碳汇等功能多种重要的生态功能。这些功能对于维护生态平衡、提供生态服务、促进生物多样性等方面都具有积极作用。

2.2.1.1 调节气候

城乡蓝绿空间通过植被的蒸腾作用、阴凉的表面覆盖和水体的蒸发等过程，有助于调节城市和乡村的气候。首先，它们缓解了城市热岛效应，特别是在炎热夏季，树木能够有效地降低周围环境的温度，创造宜人的生活环境。其次，蓝绿空间还通过植被的蒸腾作用提高空气湿度，维持适宜的湿润环境。最后，它们能够调节风速，减缓风速，改善城市风环境，防止风沙侵袭，为城市提供更为宜居的生态格局。因此，城乡蓝绿空间在多方面促进气候的平衡和城市的可持续发展。

西北农林科技大学有关研究结果表明：高温季节林地和草坪都有降低地表和土壤温度，减轻温度剧烈变化，增加空气相对湿度的作用。林地与草坪、裸地和水泥地相比，地表最高温度分别降低9.5℃、17.5℃和24.5℃，平均地表温度分别降低6.1℃、9.7℃和15.5℃；在裸地和水泥地出现最高温的16:00，土壤温度分别降低7.0℃、13.0℃和14.5℃，晴天林地平均相对湿度为55.7%，比草坪、裸地、水泥地分别高5.0%、9.1%和12.4%（杨贲丽，2012）。

2.2.1.2 净化空气

植物通过光合作用吸收CO_2，释放氧气，并能够过滤大气中的空气污染物，如颗粒物和有害气体，从而提高空气质量。此外，植物的叶表面也具有吸附和净化空气中有害物质的能力，如颗粒物、挥发性有机化合物和氮氧化物等。城乡蓝绿空间作为植物的主要载体，有助于减缓空气污染程度。此外，蓝绿空间中的湖泊和水体通过表面的水藻和其他水生植物通过光合作用吸收CO_2，释放氧气，同时水体还能吸附一些气体和颗粒物，净化周围的空气。

城乡蓝绿空间可提供广泛的环境效益。与其他更直接的影响相比，这些效益通常在更大的时空尺度上体现。这些空间还可以通过减缓气候变化的努力提供共同效益，并有可能在全球范围内减少对人类健康的危害。统计数据表明，北京市坚持生态文明建设，截至2024年年初，全市$PM_{2.5}$年平均浓度比2013年下降64.2%，空气质量优良天数增加95天，并成功创建全域国家森林城市（人民网，2024）。

2.2.1.3 水资源管理

城乡蓝绿空间具有调节水文循环的能力，通过减缓雨水径流速度、增加土壤的渗透性，有助于降低洪涝风险、改善水质，并提供可持续的水资源。湖泊、河流、湿地等水体也是城市和乡村水生生物的栖息地。芬兰实施了城市湿地恢复，以实现多重效益，包括改善地表水质量。城市森林也发挥着作用，树冠可以拦截降水，改变降水化学成分和流经城市的方式。城市树木还能提供树荫，改善小气候（WHO，2023）。

2.2.1.4 土壤保持

植被和树木的根系能够固定土壤，减缓水土流失，防止地质灾害的发生，维护土壤的稳定性，防止沙漠化和土壤侵蚀。在城市和乡村的绿地中，适当的植被覆盖能够降低建筑区域的温度，提高土壤的保水能力，有助于防治洪水和改善水质。

树木通过固定、吸收等方式对土壤重金属、有机物等污染起净化作用。树木的根系及特殊微生物，能使环境中的重金属等污染物固定、流动性降低，减少对生物的毒性。吸收是植物修复污染土壤最有效的一种方法，具有超同化能力的树木将有害的重金属等污染物通过根系吸收后，输送并储存在植物体的地上部分，经过转化、隔离或螯合作用减轻对植物体的毒害，富集重金属离子，并通过采伐、收获等手段达到清除土壤中重金属的目的。目前，国内外已发现能富集各类重金属的超积累植物400种以上，柞木属、叶下珠属等多种植物对重金属有很强的超富集能力。羊齿植物可以直接将吸收的砷贮藏在它的叶和茎，这样只需修剪枝叶就可以清除，不必拔除整棵植物。

2.2.1.5 维护生物多样性

城乡蓝绿空间提供了各种生境，包括森林、湿地、草地和水体，成为各类植物和动物的栖息地。这种多样性的生态系统有助于维持和促进不同物种的生存和繁衍。植物的多样性不仅提供了食物链的基础，还支持了各种生态系统功能，如土壤保持、水质净化和气候调节。在城乡环境中，合理规划的公园和绿化带可以成为城市野生动植物的栖息地，提供避难所和食物来源，从而促进城乡生态系统的稳定性。通过建立生态走廊和绿色廊道，不同地区的蓝绿空间可以相互连接，使得各种生物得以迁徙、扩散和交流基因，减缓物种灭绝的速度。这种连接性有助于打破城市的碎片化，促进物种间的互动和适应，提高整个生态系统的稳定性和抗干扰能力。因此，通过强调城乡蓝绿空间的多样性和连接性，可以有效地维护和促进生物多样性，为城市和乡村的可持续发展提供坚实的生态基础。如昆明翠湖公园，绿化覆盖率高达96%，植物的季相结构以绿色为主，各个单元因植物不同形成了独特的季相变化，冬季吸引大量红嘴鸥来此停留。在地处繁华城区的华南国家植物园，据统计共有高等植物2291种，其中就地保护的野生高等植物1778种（光明网，2023）。

2.2.2 社会功能

城乡蓝绿空间在社会方面发挥着重要的功能，它不仅是自然景观的展示场所，更是社区文化的体现。以下是城乡蓝绿空间的主要社会功能。

2.2.2.1 休闲游憩

城乡蓝绿空间为居民提供了放松身心、休闲娱乐的场所。公园、花园、绿地、绿道成为人们进行户外活动、野餐、慢跑、自行车骑行等娱乐休闲活动的理想场地，有助于缓解生活压力，提升居民生活品质。除了这些直接益处外，公园等蓝绿空间还通过支持体育活动和社交互动（尤其是在老年人中）为身体（和心理）健康带来间接益处。在自然环境中花费时间和参与体育活动取决于个人的选择和行为，当通过锻炼实现积极行为时，就更有可能充分挖掘自然环境的潜力。

城乡蓝绿空间经常作为举办文化活动的场所，如音乐节、艺术展、文学活动等。这些活动不仅丰富了居民的文化生活，也促进了社区的文化交流与传承。但并非所有的健康益处都来自公园和行道树等设施。例如，基础设施（如可持续城乡排水系统）利用天然材料、植被和对水敏感的景观工程来缓解洪水。此类蓝绿基础设施还可增加地下水补给、改善水质、减少土壤侵蚀并促进生物多样性，从而为人类健康和福祉带来可观的间接效益（WHO，2023）。

2.2.2.2 景观美化

城乡的自然地貌和建筑群体往往以蓝绿空间为关键因素，这些风景如画的地区展示着自然之美与人文风情的融合。城乡蓝绿空间是整体景观的重要组成部分，而其中的植被不仅是建设现代城乡绿化环境的核心，也是美化环境的主要手段。园林植物以其丰富的色彩和独特的形态，以及随季节而变的景观，为人们营造出了充满生机的自然氛围，使得原本单调的城市空间变得生动起来。

园林植物在蓝绿空间的营造中扮演着至关重要的角色。它们各具特色，形态各异，可以单独展示其个体之美，也可以通过巧妙的组合方式呈现出群体美，从而打造出各具特色的群落景观。不同种类的植物根据其生态习性和气候条件，在不同地区呈现出独特的植物景观。例如，热带雨林、针叶林以及温带阔叶林等不同的自然环境形成了截然不同的植物景观。这些地方性的植物景观在与当地文化的融合中逐渐形成了独特的地方风情，如日本的樱花、荷兰的郁金香以及中国的牡丹等。在中国，各地的植物景观也因地制宜，展现出了丰富多彩的地方特色，如北京的槐树和侧柏、云南的山茶、四川的木芙蓉和木棉等，都展现出了浓厚的地域风情（杨赟丽，2012）。

2.2.2.3 防灾避险

在自然灾害如地震、火灾等严重事件发生时，城乡蓝绿空间具备重要的避难和救援功能。这些空间可作为避难场所和救援重建的据点。自然灾害发生后，城乡蓝绿空间能够提供避难生活空间，确保避难人员基本生活需求。日本在1923年关东大地震中就有超过40%的人选择在城市公园避难，引发了公众和规划者对这种避难功能的关注和讨论。1986年，日本提出将城市公园绿地建成具有避难功能的场所，形成了较为完备的防灾避难绿地体系。1995年的阪神大地震期间，神户的27个公园成为紧急避难所。类似地，北京市也在持续建设防灾公园和绿地，截至2008年已建成29处，可同时容纳189万人紧急避难。青岛市老舍公园作为一个由普通公园向防灾公园转型的案例，在很大程度上为历史街区的安全保障奠定了基础，同时为历史街区的应急避难体系构建提供了重要思路。

2.2.2.4 优化城市结构

城乡蓝绿空间在优化城市结构方面扮演着关键角色。首先，它们通过吸收热量、净化空气、缓解热岛效应等方式，调节着城市的气候环境，有效降低城市气温、改善空气质量，提升了居民的生活舒适度。其次，城乡蓝绿空间作为城市的生态廊道和生态节点，维护着生态系统的平衡，保护和建设城市绿地、湿地等自然生态空间，提升了城市的生态品质，促进了生物多样性的保护。最后，绿色空间也是城市的绿色名片，美化了城市的景观，提升了城市的形象和品位。公园、绿道、广场等绿色空间不仅增加了市民的休闲娱乐场所，丰富了城市文化生活，还为居民提供了交流互动的场所，促进了社区居民之间的交流与凝聚。最重要的是，在自然灾害发生时，这些空间可以作为避难场所，提高了城市的抗灾能力。因此，城乡蓝绿空间的优化不仅美化了城市环境，更是实现城市可持续发展和改善居民生活质量的重要途径。上海市在生态环境建设方面，扩大市域生态空间，优化生态格局，完善市域生态环廊，建设城乡公园体系，中心城织密绿地网络对接区域生态系统，构建"双环、九廊、十区"多层次、成网络、功能复合的市域生态空间体系。规划至2040年全市森林覆盖率达25%以上，河湖水面率不低于10.5%（杨赉丽，2012）。

2.2.3 文化功能

综合而言，城乡蓝绿空间不仅为人们提供了休闲娱乐的场所，更是文化的表达和传播平台。通过与自然环境的融合，它成为城市和乡村共同的文化空间，为社区文化的多元发展和居民的精神生活提供了重要支持。

幸福感的重要维度包括利用这些空间进行沉思或冥想、激发创造力、感受与自然融为一体或对自己和自然持积极态度、体验神圣感或比自身更伟大的事物，以及感受到意义感、目的感、接纳感或联系感。由于对精神益处的广泛理解大多与偏远荒野体验有关，蓝绿空间的特殊品质可能对支持精神体验非常重要。研究还强调了将这些空间视为美丽或放松场所的重要性，或通过参与文化活动或自然娱乐活动获得精神益处的重要性，这些在城市地区也可能体验到。

城乡蓝绿空间在社会经济方面发挥着多种功能，对社会和经济的可持续发展具有积极的影响。城乡蓝绿空间还具有促进旅游业发展、提升居住品质、提高身体健康水平、提高教育就业水平、房地产价值提升等经济功能。具有吸引力的城乡蓝绿空间可以成为旅游胜地，吸引游客，推动旅游业的发展。风景如画的公园、自然保护区、农田风光等都是旅游业的热门目的地，为当地带来经济收入和就业机会。不仅如此，不同种类的植被可直接减少人类暴露于对健康有害的环境压力源的机会。例如，行道树可以减少暴露于空气污染、高温和可感知噪声的机会。这些环境压力因素与一些疾病有因果关系，如从神经发育影响到癌症、糖尿病和心血管疾病。仅暴露于空气污染就会影响人体几乎每一个器官，而控制空气污染可以减少或预防由此导致的疾病。最近的研究表明，每周在自然环境中度过至少120min可明显改善健康和福祉（沈璐 等，2004）。

城乡蓝绿空间对心理健康的益处不仅适用于一般人群，也适用于特定群体，如儿童和青少年、老年人等。接触大自然的童年经历与日后的心理健康和幸福感密切相关。它可以促进能力建设，如体育活动和社交互动；同时有助于恢复能力，如缓解压力和认知恢复，包括改善工作记忆、定向注意力和认知灵活性。在自然环境中进行体育锻炼对心理健康和幸福感的益处可能比在室内更大，这可能是因为接触空气污染物和噪声的机会较少（WHO，2023）。

2.3 城乡蓝绿空间的碳增汇减排功能

近年来，城市碳排放问题已成为制约城市可持续发展的关键问题，而城乡蓝绿空间因其具有突出的碳汇潜力与增汇效能，在城乡减排增汇中能发挥重要作用。实现碳中和目标为城乡蓝绿空间提供了独特的机遇，同时也带来了挑战。在减源方面，城乡蓝绿空间规划设计可以通过降低全生命周期碳足迹来实现自身的节能减排。具体措施包括采用可再生能源、提高能效、减少化肥和农药的使用等，同时鼓励可持续建筑和绿色基础设施的发展，以减缓城市和乡村的碳排放。此外，通过增加碳汇，城乡蓝绿空间可以扩大植被覆盖、保护湿地、合理管理土壤，以提高碳捕获能力，有效将大气中的碳转化为有机物，从而降低碳排放（李倞 等，2022）。

2.3.1 城乡蓝绿空间碳增汇功能

城乡蓝绿空间作为碳增汇资源具有重要价值。这些空间中的植被通过光合作用吸收大气中的CO_2，将其固定为有机物质，有助于减少温室气体的排放，缓解全球气候变暖的趋势。同时，城乡蓝绿空间的植被和土壤也是重要的碳储存库，有效管理和保护这些空间有助于保持碳储量的稳定，进一步减缓气候变化的速度。通过恢复和保护湿地、森林等生态系统，城乡蓝绿空间可以成为更为有效的碳增汇途径。因此，城乡蓝绿空间作为碳增汇资源，不仅对气候变化具有重要影响，也为人类社会的可持续发展提供了重要支持。

城乡蓝绿空间可以通过光合作用将大气中的CO_2吸收并固定在植被与土壤当中，主要包括植物碳汇、土壤碳汇和水体碳汇、城乡蓝绿空间系统碳汇4种类型。

植物碳汇　通过打造生物多样性丰富的植物群落，可以有效提升碳汇能力，尤其是在设计中优先选择乡土植物，不仅能够获得更高的碳汇效率，还可以降低维护成本。乔木的碳汇能力远高于灌木、草本和藤本，深根植物的碳汇能力更强，虽然年幼的植物生长迅速、碳汇能力强，但成熟后其碳汇能力会减弱。因此，通过打造复层-异龄-混交的立体植物群落，并引导自然演替，可以有效保障植物碳汇的稳定性。例如，天津南翠屏公园采取近自然的植物群落结构，使得植物群落的单位碳储量增加了近3倍。在植物利用方面，通过绿色屋顶、垂直绿化和增加地被植物等方式，实现减排增汇；同时，合理利用植物废弃物，如作为建材、生物炭或埋在地下，可以有效管理场地中的碳元素，实现长期储碳。然而，需要注意的是，过度强调植物多样性和立体绿化设计，可能会增加需水量和养护投入。

土壤碳汇　除了植被本身的碳储量，土壤碳储量也是重要的碳汇来源，其储量甚至高出植被碳储量数倍。然而，目前的碳汇研究主要集中在植物和水体，而对土壤碳汇的研究还存在较大的探索空间。城市绿地的建造时间对土壤碳储量有显著影响，建造时间越长、植被越郁闭，土壤碳储量越丰富。为提高土壤碳汇能力，可通过增加有机物输入和降低碳分解率的方式，如添加生物炭、城市废弃物等，以及选择透水、透气性好的铺装材料。此外，合理选择植被类型也能影响土壤碳储量，如农田中适宜的绿篱景观和多年生草本都能有效保护土壤碳储量。园林绿地还可以作为固碳装置和措施的承载空间，如通过安装直接空气碳捕获装置或在土壤中增加特定岩石材料来促进碳的固定。

水体碳汇　保持水体清洁是实现碳汇的基本前提，因为矿物质会导致水体富营养化，影响碳汇能力。采用生物滞留池、透水铺装、浅沟、初雨弃流池等方式收集雨水可防止水体受到污染，提升碳汇能力。增强水体碳汇能力，重点在于建立健康的水生境。改善水下土壤、水生植物、浮游生物和岸线的生态功能有助于提高水体和岸边带的生物多样性，保持水体清洁。湿地在碳汇方面具有较高的价值，其中水体、植物和土壤均对碳汇能力起到重要作用。特别是雨水花园作为一种人工湿地类型，固碳量几乎可以抵消其建造过程中的碳源，具有较高的应用价值。但需谨慎选择应用地点，并妥善处理水生杂草和池底淤泥，以免减弱碳汇效益。

城乡蓝绿空间系统碳汇　城乡蓝绿空间的保护和建设还有助于改善生态系统的健康状况，提升植被覆盖率和生物多样性，增强生态系统的碳储存能力。城乡蓝绿空间系统作为碳汇在减缓气候变化和缓解碳排放方面发挥着重要作用。这些空间中的植被通过光合作用吸收CO_2并释放氧气，将碳固定在生物体中，形成碳储存。此外，城乡蓝绿空间的土壤中也含有有机碳，如腐殖质等起到了长期的碳储存作用。

城市绿地、公园、林地等绿色空间不仅能够减少城市中的碳排放，还能提升周围环境的质量，增加城市碳汇的容量。同时，乡村的林地、草地、湿地等自然生态空间也在吸纳CO_2的过程中起到重要作用，贡献农村地区的碳汇。因此，城乡蓝绿空间系统的存在和保护有助于增加土地碳储量，减缓气候变化的影响，并且提升了城乡生态系统的健康程度。

2.3.2 城乡蓝绿空间碳减排功能

城乡蓝绿空间作为碳减排的关键因素。首先，这些空间中的植被通过光合作用吸收大气中的CO_2，并将其固定为有机物质，从而减少了大气中的温室气体含量，有助于减缓全球气候变暖的趋势。其次，城乡蓝绿空间的保护和建设有助于改善空气质量，植被可以吸收和过滤空气中的有害气体和颗粒物，净化了城市和乡村的空气，降低了空气污染的程度，提高了人们的生活质量。此外，城乡蓝绿空间的存在还可以降低城市的热岛效应，通过增加绿色植被覆盖面积，降低城市的气温，减少了城市中的能源消耗和温室气体排放。因此，城乡蓝绿空间作为重要的碳减排措施，不仅有助于保护环境和生态系统，还为人类社会的可持续发展提供了重要支持。

城乡蓝绿空间对于碳中和的积极影响主要体现在3个方面，即通过植物光合作用直接提高绿色碳汇，通过改善城市微气候间接降低建筑碳排放，以及通过影响人群出行模式间接降低交通碳排放，可归纳为降温减排、绿色慢行和宣传引导3个影响路径。

降温减排 城乡蓝绿空间在减缓热岛效应、降低城乡能耗方面具有重要作用，可间接减少碳排放。据联合国政府间气候变化专门委员会的研究报告，能源消耗是城乡主要的碳排放领域，而热岛效应是其中重要的影响因素。绿地能有效降低环境气温，每提高10%的植被覆盖率可使热岛强度下降约1.1℃。在微观尺度下，绿地通过树冠遮挡阳光和蒸腾作用减少地面吸热，提高城市环境舒适度。不同植物的特征会影响其降温增湿效果。在宏观尺度下，通过构建通风廊道和优化城市绿地格局可进一步缓解热岛效应。研究已证实城市绿地的微气候调节能力可显著减少建筑能耗，具有重要的经济和环境价值。

绿色慢行 交通碳排放占全球25%，高密度城市需重点减排。可通过降低交通需求、优化运输方式、提升技术与管理水平等途径实现。建立绿地系统构建慢行网络，促进绿色慢行，降低碳排放。研究指出，城市林荫街道可步行性提升需改善空间临近性与步行舒适性。优化绿化界面可舒缓居民压力，提升步行感受。提升绿地景观与服务设施可促进体力活动，培养绿色生活方式。合理布置城市公园绿地与小微绿地可推动"双碳"目标实现，引导居民增加步行频次，扩大步行可达范围，减少高碳排出行需求。

宣传引导 在推动低碳活动宣传与政策扶持方面，蓝绿空间扮演着重要角色。通过参与式设计和多元展览宣传，可以引导更多城乡居民参与减碳行动，关键在于提升居民的低碳意识，构建具有生产力的社区。例如，天津低碳创意花园展以废弃材料实现低碳化更新,平均减碳量达53%,扩大了低碳理念影响力。建设低碳主题公园,如北京温榆河公园结合特色景点,引导公众采取低碳行为,实现科普宣传目的。然而,当前城乡蓝绿空间建设政策、规划设计、标准和奖惩制度不够严谨完善,增加了效能不确定性。因此,加强碳中和目标下的风景园林政策研究,制定相关规划和标准,为中国碳中和园林建设提供保障,是未来的重要趋势。国外已展开类似研究,如共同制定城乡绿色基础设施计划、建立统一的指南和基金,以提升城乡蓝绿空间的减排能力(王敏 等,2022)。

2.4 城乡蓝绿空间碳足迹

2.4.1 碳足迹理论基础

碳足迹理论是一种衡量个体、组织或活动对环境产生的碳排放的方法。它考虑了从生产、消费到废弃等整个生命周期中产生的碳排放量,以衡量其对气候变化的影响。

2.4.1.1 生态系统服务

生态系统为人类提供"服务"这一观点首次由"关键问题研究小组"(study of critical environmental problems,SCEP)提出,后提出了"生态系统服务"(ecosystem services,ES)一词。生态系统服务建立了人类活动与生态过程之间的密切关系,并迅速发展起来。现在普遍认可的定义为联合国千年生态系统评估(Millennium Ecosystem Assessment,MEA)所提出的人类直接或间接地从生态系统中所获得的惠益,包括水资源、空气净化、气候调节等。城乡蓝绿空间通过生态系统服务对碳足迹的影响至关重要。生态系统中的植被通过光合作用吸收大气中的CO_2,将其转化为有机碳并储存在植物和土壤中,起到碳汇的功能。

2.4.1.2 基于自然的解决方案

基于自然的解决方案(nature based solution,NBS)是一种应对气候变化和减缓碳排放的策略,涉及利用自然系统和生态过程来促进碳的吸收、存储和减排。在碳足迹的理论基础中,基于自然的解决方案是通过保护、恢复和管理自然生态系统来实现碳平衡的方法。以下是关于基于自然的解决方案在碳足迹评价中的理论基础。

(1)植被和森林的碳吸收

植被在地球上扮演着至关重要的角色,通过光合作用将CO_2转化为有机碳。这生命过程使植物将一部分碳储存于其体内,同时通过根系和土壤储存另一部分。森林被认为是地球上最大的碳储存库之一,包括树木、植被和土壤中的碳,形成庞大的碳循环系统。通过保护现有森林、进行森林再造和实施可持续的林业管理,可以提高森林的碳吸收和存储能力，为气候变化应对提供关键支持。

（2）湿地的碳储存

湿地在碳储存方面发挥着关键作用。这些生态系统通过其泥炭层和水体中的生物过程，长期存储大量碳。保护和恢复湿地被认为是一种有效的基于自然的解决方案，能够减缓温室气体的排放。湿地的重要性不仅在于其生态功能，还在于其对全球碳平衡的贡献。因此，采取措施以保护和恢复湿地，有助于维持生态平衡，减少气候变化的不利影响。

（3）土壤的碳储存

土壤是另一个重要的碳储存介质。土壤中的有机质在生物分解的过程中释放CO_2，但也可以通过生物过程储存为稳定的有机碳。可持续的农业实践，如覆盖作物、轮作和植被覆盖等，能够提高土壤的碳储存量。因此，采用这些土壤管理方法有助于降低碳排放，并维护土壤的健康，为未来可持续农业和气候变化适应提供支持。

2.4.1.3 景观生态学

碳足迹的理论基础中，景观生态学提供了一种系统性的框架，用于理解和分析碳循环与碳足迹形成的生态过程。景观生态学关注的是地表上不同生态系统之间的相互作用、格局和过程，以及这些生态系统对碳循环的影响。在这个框架下，研究了不同生态系统中的碳储量，包括植被、土壤、湿地和水体等碳库。景观生态学还深入研究碳循环的过程，考虑植物的光合作用、呼吸、死亡和分解等生态过程，以及土壤中有机质的形成和分解等因素。关于景观格局对碳足迹的影响，研究表明不同景观结构和格局（如植被类型、生境大小、连接性等）对碳足迹的形成有着关键作用。此外，景观生态学也考察了人类活动如城市化、土地利用变化、森林砍伐等对碳足迹的影响。通过分析人类活动对景观结构和功能的改变，可以了解碳排放、碳储量的变化，从而量化碳足迹。最后，景观生态学研究了不同生态系统提供的生态系统服务，包括调控气候、土壤保持、水源涵养等服务，这些服务与碳足迹密切相关，为制定可持续的土地管理和碳减排策略提供了深刻认识。

2.4.1.4 可持续发展

碳足迹的理论基础之一是可持续发展的概念。可持续发展是指在满足当前需求的同时，确保不损害未来世代满足其需求的能力。在碳足迹的背景下，可持续发展强调减少碳足迹，以减缓气候变化和维护生态系统的健康。

在可持续发展的框架下，碳足迹被视为一个综合性指标，需要综合考虑环境、社会和经济的因素。通过实施可持续发展战略，可以实现碳减排目标，提高资源利用效率，推动社会公平，并促进全球可持续发展的实现。因此，可持续发展理念为碳足迹的研究和实践提供了坚实的理论基础，强调在碳管理的同时保障全球生态系统的健康和人类社会的繁荣。

2.4.2 碳足迹评价概念及意义

碳足迹评价旨在了解其对气候变化的贡献程度,并为采取减排措施提供指导和依据。其目的是帮助实体识别和理解碳排放的来源和规模,从而制定可持续发展的策略,减少对气候的不利影响。

2.4.2.1 碳足迹评价的概念

碳足迹评价是指对个人、组织、产品或活动在其生命周期内产生的温室气体排放量进行量化和评估的过程。温室气体排放包括CO_2、CH_4、氮氧化物等。碳足迹评价通常涵盖从原材料采购、生产制造、运输和分销、使用阶段到废弃处理等全生命周期的排放量评估。通过评估碳足迹,可以了解一个个体、组织或产品对气候变化的贡献程度,进而制定减少温室气体排放的策略和措施。

以下是碳足迹评价的主要步骤和相关要点(表2-1)。

碳足迹评价是一个动态过程,需要不断调整和改进。通过系统的评价和行动,个体和组织能够更好地理解和管理其碳排放,为实现低碳、可持续的未来做出贡献。

表 2-1 碳足迹评价主要步骤和相关要点

主要步骤	相关要点
1.界定范围	(1)确定评价对象:定义碳足迹评价的主体,可以是个体、组织、产品或服务; (2)确定评价的时间范围:确定评价的时间跨度,通常包括整个生命周期,包括生产、运输、使用和废弃等阶段; (3)区分排放范围:将碳排放划分为直接排放(Scope 1)、间接能源排放(Scope 2)和间接其他排放(Scope 3),以便更全面地考虑排放来源
2.数据收集	(1)确定关键数据点:确定评价中关键的数据点,包括能源使用、生产过程、运输、原材料采集等; (2)收集准确数据:通过实地调查、企业报告、能源使用记录等手段,收集准确的数据以保证评价的可信度; (3)确保数据的综合性:尽量涵盖整个生命周期,包括上游和下游环节,确保评价的全面性和综合性
3.排放因子确定	(1)使用标准因子:使用国际或行业标准的排放因子,确保计算的一致性和可比性; (2)考虑地域因素:针对不同地区的排放因子可能存在差异,需要考虑地域因素进行调整; (3)考虑技术变革:考虑技术的发展,选择更清洁、低碳的生产和能源利用方式
4.计算与量化	(1)制定计算方法:制定清晰的计算方法,确保计算的一致性和透明度; (2)综合排放量:将各个环节的排放量综合,得出总的碳排放量; (3)进行标准化:可以将碳排放量标准化为每单位生产、每单位服务或每个个体等指标,以便比较不同对象的碳足迹
5.结果解释和报告	(1)说明方法和假设:在报告中清晰地说明使用的计算方法、数据源、排放因子和任何相关的假设; (2)解释结果:将评价结果以可理解的方式解释,强调主要排放来源和高风险环节; (3)提供改进建议:根据评价结果提供改进建议,以减少碳足迹,提高可持续性
6.行动和改善	(1)制定减排策略:基于评价结果,制定明确的减排策略和目标; (2)实施措施:将减排策略转化为具体措施,并实施; (3)持续监测和更新:建立持续监测机制,定期更新碳足迹评价,确保减排目标的实现

2.4.2.2 碳足迹评价的意义

碳足迹评价对于人与自然和谐共生，应对气候变化、实现双碳目标，生态系统服务评估，可持续的规划策略，提升公众健康水平，教育认知等方面具有重要意义。

（1）人与自然和谐共生

通过测量碳足迹，个体和组织得以深入了解其活动对自然环境的实际影响，进而为更好地实现可持续共生奠定基础。首先，碳足迹测量提供了一种客观而可比较的方式，让人们直观了解其生活、工作和生产活动在气候变化和环境问题中的角色。这种认知不仅仅局限于表面的环境负担，更是一个关于资源利用、能源消耗、废弃物排放等方面的全面了解。其次，通过识别碳足迹的主要来源，个体和组织能够有针对性地调整其行为，采取更可持续、低碳的方式。这种行为调整可能包括减少能源消耗、优化交通方式、选择环保产品等，从而减轻对自然环境的不利影响。最后，碳足迹测量为人们提供了一种量化的参考，使得他们能够更具目标性地参与到全球气候行动中。因此，碳足迹测量成为实现可持续共生的有力工具，为迈向更环保、更健康的未来提供了实际指导。

（2）应对气候变化、实现双碳目标

碳足迹评价在当今全球面临气候变化和可持续发展挑战的语境下，扮演着实现低碳经济和履行碳中和承诺的基础性角色。通过系统地测量、评估和追踪个体、组织或产品的温室气体排放，碳足迹评价为相关主体提供了关键性的信息，使其能够更全面地理解其碳排放贡献。这不仅有助于企业、政府和个体认清其在气候变化中的责任，还能够指导他们采取切实可行的措施，降低碳足迹。在实现双碳目标的背景下，碳足迹评价更是推动低碳经济转型的有力工具。企业通过评估其整体碳足迹，可以识别和优化生产和供应链中的高碳环节，推动生产过程向更加清洁和高效的方向发展。此外，碳足迹评价也为企业提供了减排的具体方案，促使其实施更加可持续的商业策略。对于国家和地区而言，通过制定碳市场政策、推动低碳技术创新，碳足迹评价有助于实现碳中和目标，推动全社会向更为环保的发展路径迈进。

（3）生态系统服务评估

理解碳足迹对于更全面地评估个体、组织或产品对生态系统服务的依赖和贡献至关重要。碳足迹不仅仅是对温室气体排放的度量，更是对其与生态系统之间复杂相互关系的把握。首先，通过分析碳足迹，我们能够洞察个体或组织的生活和生产活动对生态系统的影响。碳排放不仅直接关联气候变化，还与土壤保持、水资源利用等多个方面的生态系统服务紧密相连。其次，碳足迹评估有助于识别哪些活动对生态系统造成了负面影响，从而引导采取相应的可持续行动。例如，通过减少碳排放，可以降低对自然资源的过度依赖，减缓生态系统的退化速度。最后，通过对碳足迹的深入理解，个体和组织可以更好地认识其对生态系统服务的依赖，并思考如何通过生态友好的决策和行为来回馈生态系统，以促进人与自然的和谐共生。综合而言，碳足迹的全面评估为更深入、更全面地理解个体、组织或产品与生态系统之间的关系提供了有力的工具，推动人类更加智慧地管理和保护我们赖以生存的地球生态环境。

（4）可持续的规划策略

碳足迹数据为政府、企业和社会组织提供了重要的信息，可用于制定更科学、可持续的规划策略。政府在制定气候变化政策和可持续发展计划时，可以依靠碳足迹数据来量化不同行业和活动对环境的影响。通过分析碳足迹，政府能够更准确地制定碳排放目标，并推动实施相应的政策措施，例如激励低碳技术创新、推动清洁能源发展，以实现减排目标。企业也能从碳足迹数据中受益。通过评估和监测自身的碳足迹，企业可以识别和优化生产过程中的高碳环节，采取有效的节能减排措施，降低生产成本同时提升企业的环保形象。碳足迹数据还为企业提供了参与碳市场和绿色金融的机会，促使其更加积极地投身于可持续发展的行列。

（5）提升公众健康水平

减少碳足迹通常伴随着采用更健康的生活方式，对个体和社会的健康水平产生积极的影响。首先，低碳生活方式往往意味着更多的步行、骑自行车或使用公共交通工具，从而增加了个体的身体活动量。这不仅有益于心血管健康，还有助于控制体重，降低患慢性疾病的风险。其次，采用可持续的食物消费方式，如选择本地生产的、季节性的食物，不仅减少了运输过程中的碳排放，还促进了更健康、均衡的饮食结构，有助于维持个体的营养平衡。最后，低碳生活往往涉及减少肉类和加工食品的摄入，这与一些研究指出的有益于预防慢性疾病的膳食习惯一致。采用节能的电器设备、合理利用水资源，以及选择可再生能源等做法，不仅有助于环境保护，还降低了空气和水污染的风险，提升了周围环境的质量，这对于减少患呼吸道和水源污染相关疾病的患病率具有显著的积极影响。通过减少碳足迹，个体采用更健康的生活方式，同时也为社会创造了更有利于整体健康水平提升的环境。这种积极影响既体现在个体层面的健康改善，也反映在整个社会的公共卫生水平的提升，为可持续发展目标贡献了有益的方面。

（6）教育与认知

通过教育和公众宣传，提高对碳足迹的认知，成为推动更可持续的生产和消费行为的关键举措。首先，教育可为个体和社会提供深入了解碳足迹的机会，使人们认识到个人和组织的生产和消费选择对环境和气候变化有着直接的影响。通过学校、机构和社区的教育活动，可以向公众传递有关碳足迹的信息，引导他们意识到碳排放与生活方式的紧密关联，从而培养更加环保、低碳的生活习惯。其次，通过公众宣传，可以广泛传播碳足迹评价的概念和意义。各类媒体、社交平台以及社区活动都是有效的宣传渠道，通过展示实际案例和成功经验，激发公众的兴趣和参与热情。这样的宣传努力可以打破信息壁垒，使更多人了解到碳足迹的评价方法，明白如何通过调整生活和工作方式来降低碳足迹。

思考题

1. 城乡蓝绿空间的主要功能有哪些？
2. 城乡蓝绿空间的碳中和途径体现在哪些方面？

3. 什么是碳足迹评价？城乡蓝绿空间碳足迹评价的意义如何？

拓展阅读

城市园林绿地系统规划（第5版）. 杨赉丽. 中国林业出版社，2019.

参考文献

何琪潇，谭少华，申纪泽，等，2022. 邻里福祉视角下国外社区公园社会效益的研究进展[J]. 风景园林，29（1）：108-114.

蒋理，刘颂，刘超，2021. 蓝绿基础设施对城市气候韧性构建的作用——基于共引文献网络的文献计量分析[J]. 景观设计学（中英文），9（6）：8-23.

李你，吴佳鸣，汪文清，2022. 碳中和目标下的风景园林规划设计策略[J]. 风景园林，29（5）：45-51.

沈璐，程晓慧，刘兴荣，2024. 基于WHO《全球空气质量（2021）》的我国部分重点城市空气质量与长期健康效应评价[J]. 环境与健康杂志，41（7）：565-570.

王敏，宋昊洋，2022. 影响碳中和的城市绿地空间特征与精细化管控实施框架[J]. 风景园林，29（5）：17-23.

吴岩，贺旭生，杨玲，2020. 国土空间规划体系背景下市县级蓝绿空间系统专项规划的编制构想[J]. 风景园林，27（1）：30-34.

武静，蒋卓利，吴晓露，2022. 城市蓝绿空间的碳汇研究热点与趋势分析[J]. 风景园林，29（12）：43-49.

习近平，2020. 在第七十五届联合国大会一般性辩论上的讲话[N]. 人民日报，2020-09-23（003）.

徐小东，王建国，2018. 绿色城市设计[M]. 南京：东南大学出版社.

杨萌，廖振珍，石龙宇，2020. 雄安新区多尺度生态基础设施规划[J]. 生态学报，40（20）：7123-7131.

余俏，杜梦娇，李昊宸，等，2022. 通向城乡韧性的蓝绿空间整体规划研究：概念框架与实现路径[J]. Journal of Resources and Ecology，13（3）：347-359.

袁旸洋，张佳琦，汤思琪，等，2023. 基于文献计量分析的城市蓝绿空间生态效益研究综述与展望[J]. 园林，40（4）：59-67.

郑曦，2022. 城市蓝绿空间系统[J]. 风景园林，29（12）：8-9.

第3章 生命周期评价

> **学习重点**
>
> 1. 了解生命周期评价的相关概念；
> 2. 掌握生命周期评价的一般流程；
> 3. 了解生命周期评价软件和数据库。

生命周期评价是一种综合性的环境评价方法。该章重点阐述生命周期评价的概念与特点、内容、一般流程，以及生命周期评价所需软件和数据库，总结该评价方法的优点与局限性，以期全面了解生命周期评价的基本内容，掌握这一重要的环境评价方法。

3.1 生命周期评价概述

生命周期评价（life cycle assessment，LCA）最早起源于20世纪60年代，主要应用于评价某一产品或系统对环境的负荷，随后欧洲、美国相继开展了生命周期理论与方法的相关研究。近年来，生命周期评价快速发展，并逐步应用于环境管理、政策与规划等领域中，对于促进可持续发展、降低环境影响具有重要意义。

3.1.1 生命周期评价概念

生命周期评价是对从最初在地球中获得原材料开始，到最终所有的残留物质返归地球结束的任何一种产品或人类活动所带来的污染物排放及其环境影响进行估测的方法。

以城乡蓝绿空间建设为例，基于生命周期评价理论可以将碳排放分别控制在规划设计阶段、生产建造阶段和维护运营阶段，即从城乡蓝绿空间的设计阶段开始，通过尊重场地条件，减少过度改造导致的碳排放；通过适当增加水体，增加降温增湿作用，减少人工气候调节产生的碳排放；增加城市农业，降低食品长距离运输产生的碳排放。在建造阶段，利用现有材料和工程构造，降低运输的碳排放；建造采用模块化单元，降低机械运行的碳排放；建造采用低碳环保材料，节约能耗等。在维护阶段，制定全流程管理规范，提升管理效率；采用智慧园林养护技术，降低管理能耗和碳排放；循环使用人类废料，注重循环利用可再生资源等。

3.1.2　生命周期评价相关术语

生命周期评价主要包括生命周期分析、生命周期评价以及生命周期清单分析结果3个阶段。在生命周期评价过程中需要确定系统边界、功能单位、过程、基本流和能量流等，为可持续性决策提供重要信息。

生命周期　是指产品系统中前后衔接的一系列阶段，从自然界或从自然资源中获取原材料，直至最终处置。

生命周期评价　是指对一个产品系统的生命周期中输入、输出及其潜在环境影响的汇编和评价。

生命周期清单分析　是指生命周期评价中对所研究产品整个生命周期中输入和输出进行汇编和量化的阶段。

生命周期影响评价　是指理解和评价产品系统在产品整个生命周期中的潜在环境影响大小和重要性的阶段。

系统边界　是指通过一组准则确定哪些单元过程属于产品系统的一部分。

功能单位　是指用来作为基准单位的量化的产品系统性能。

过程　是指一组将输入转化为输出的相互关联或相互作用的活动。

基本流　是指取自环境，进入所研究系统之前没有经过人为转化的物质或能量，或者是离开所研究系统，进入环境之后不再进行人为转化的物质或能量。

能量流　是指单元过程或产品系统中以能量单位计量的输入或输出。

输入　是指进入一个单元过程的产品、物质或能量流。

输出　是指离开一个单元过程的产品、物质或能量流。

3.1.3　生命周期评价特点

生命周期评价是一种用于评价产品或者服务相关的环境因素及其整个生命周期环境影响的工具，可以提供有关产品和服务的环境负荷信息，从而告知改变的可能性。在企业层面上，主要用于产品和技术的比较和改进；在环境评价层面上，主要用于"生态足迹""碳足迹""水足迹""土地足迹""材料足迹"的评价，核算对环境的影响。区别于传统环境影响评价的方式，生命周期评价主要有以下4个方面的特点。

（1）生命周期评价是对全系统、全过程的评价

生命周期评价对整个产品系统从原材料的采集、加工、生产包装、运输、消费、回收到最终处理生命周期有关的环境负荷进行分析的过程，可以从上述每一个环节来找到环境影响的来源和解决办法，从而综合性地考虑资源的使用和排放物的回收、控制。例如，屋顶花园建造从传统意义考虑，其建设会提高成本、增加工艺，从而导致污染增加；而从生命周期评价的角度看，屋顶花园能增加绿化，帮助绿地降温，虽然短期污染增加，当时长期来看仍然对环境有益。可以看出，传统污染治理考虑的范围较狭窄，没有从整个生命周期考虑，这样就显露了景观建设中没有考虑生命周期的缺陷。

（2）生命周期评价是一种系统性的、定量化的评价方法

生命周期评价以系统的思维方式去研究产品或行为在整个生命周期中每一个环节中的所有资源消耗、废气物产生情况及其对环境的影响，定量评价这些能量和物质的使用以及所释放废物对环境的影响，辨识和评价改善环境影响的机会。例如，植物作为城乡蓝绿空间的重要构成要素具有良好的碳汇作用，可以吸收并储存CO_2。然而不同植被的固碳量不同，同一种植物在不同的区域所需要的养护成本也不相同；栽植阶段也会产生大量的碳排放。因此，在项目全生命周期范围内，对建设、运营阶段的碳足迹进行定量测算，对各个阶段进行效益识别与合理分配，是实现碳中和的有效途径。

（3）生命周期评价是一种充分重视环境影响的评价方法

生命周期评价强调分析产品或行为在生命周期各阶段对环境的影响，包括能源利用、土地占用及排放污染物等，最后以总量形式反映产品或行为的环境影响程度。生命周期评价注重研究系统对自然资源的影响、非生命生态系统的影响、人类健康和生态毒性影响领域内的环境影响，从独立的、分散的清单数据中找出有明确针对性的环境影响的关联。这些关联主要有短期人类健康影响、长期人类健康影响、恶臭等感官影响、水生生态毒性、陆生生态毒性、水体富营养化、可再生资源的使用、不可再生资源的使用或破坏、能量的使用、固体废弃物填埋、全球变暖、臭氧层破坏、光化学烟雾酸化、大气质量等方面，每种影响都是基于清单分析的数据以一定的计算模型进行的综合评价，有时一种排放物质可能参与几种环境影响的计算。通过这些影响指标可以得到比较明确的环境影响与特定产品系统中物质能量流的关联度，从而帮助我们找到解决问题的关键。

（4）生命周期评价是一种开放性的评价体系

生命周期评价体现的是先进的环境管理思想，其方法论也是持续改进、不断进步的。作为一个开放的评价框架，其评价指标可以根据不同的评价需求进行自主调整，其适应领域也从传统的产品评价拓展到建筑、规划、风景园林等人居环境建设学科。

在企业层面上，主要用于产品和技术的比较和改进；在环境评价方面，主要用于"生态足迹""碳足迹""水足迹""土地足迹""材料足迹"的评价，核算对环境的影响。

3.2 生命周期评价原则及标准

生命周期评价具有系统的观点。考虑产品的整个生命周期，即从原材料的获取、能源和材料的生产、产品制造和使用、到产品生命末期的处理以及最终处置。这种观点可以识别并可能避免整个生命周期各阶段或各环节的潜在环境负荷的转移。

生命周期评价以环境为焦点。关注产品系统中的环境因素和环境影响，通常不考虑经济和社会因素及其影响。其他工具可以结合生命周期评价进行更广泛的评价。

生命周期评价使用相对的方法和功能单位。功能单位定义了研究的对象。所有的后续分析以及输入输出和最终评价的结果都与功能单位相对应。

生命周期评价是一种反复的技术。生命周期评价的每个阶段都使用其他阶段的结果。在每个阶段中以及各阶段之间应用这种反复的方法将使研究工作以及报告结果具有全面性和一致性。

生命周期评价具有透明性，以确保对结果做出恰当的解释。

生命周期评价具有全面性。考虑了自然环境、人类健康和资源的所有属性或因素。通过对一项研究中所有属性和因素进行全视角的考虑，就能识别并评价需要进行权衡的问题。

生命周期评价具有科学方法的优先性。决策更适宜以自然科学为基础。如果不可行，则可以应用其他的科学方法（如社会和经济科学）或者参考国际惯例。如果既没有科学基础，也没有基于其他科学方法的理由，同时没有国际惯例可以遵循，那么所做的决策可建立在价值选择的基础之上。

3.3 生命周期评价一般流程

生命周期评价的流程包括多个阶段，每个阶段都有特定的任务和目标。ISO 14040系列标准提供了进行生命周期评价的技术框架，通过汇总和编辑一个产品（或服务）体系在整个生命周期的所有输入和输出的清单，评价其对环境造成的潜在影响，最后对清单和影响进行解释。ISO 14040系列标准将生命周期评价分为4个阶段：目标和范围的确定、生命周期清单分析（LCI）、生命周期影响评价（LCIA）和生命周期解释。

3.3.1 目标和范围的确定

生命周期评价的第一步骤是确定研究目的和界定研究范围，涉及研究的地域广度、时间跨度和所需数据的质量等因素，它们将影响研究的方向和深度。

3.3.1.1 确定评价目标

目标的确定要清楚地说明开展此项生命周期评价的目的和意图，以及研究结果可能应用的领域。研究范围的确定要足以保证研究的广度、深度与设定的目标一致。首先需要确定系统边界和功能单元，其次需要考虑数据收集的要求以及最终报告的类型和形式。

3.3.1.2 确定研究范围

（1）确定系统边界

确定系统边界，即确定要纳入模型化系统的单元过程。对选择输入和输出的准则应予清晰表述，使之易于理解，任何忽略生命周期内的阶段、过程或输入和输出的决定都必须予以明确陈述和论证。确定系统边界所依据的准则对于保证研究结果的可靠性和实现研究目的具有决定性作用。

在理想情况下，建立产品系统的模型时，应使其边界上的输入和输出均为基本流。但在许多情况下，没有充足的时间数据或资源来进行这样全面的研究，因而必须决定在研究中对哪些单元过程建立模型，并确定对这些单元过程研究的详略程度。不必为量化那些对总体结论影响不大的输入和输出而耗费资源。此外，还必须决定评价的环境排放类型以及评价的详略程度等。在许多情况下，随着研究的进展，还要在前期工作成果的基础上对上述初步确定的系统边界加以修改。

（2）定义功能单位

在确定研究范围时，需要对产品功能（性能特征）进行清楚定义，由此衍生出功能单位的概念。功能单位是对系统功能的测量，必须是明确规定并且可测量的、与输入和输出数据有关。例如，在稻田系统温室气体排放评估中定义的功能单位为在水稻生长期限内完成其种植过程的$1hm^2$水稻产品。

功能单位的确定是整个生命周期评价的基石，因为功能单位决定了对产品进行比较的尺度。在清单分析过程中收集的所有数据都必须换算为功能单位。建立功能单位的主要目的在于对产品系统的输入和输出进行标准化，因此功能单位需具有明确及可量化的特点。在定义功能单位时需要考虑三方面因素：①产品的效率；②产品的使用期；③产品质量标准。一旦确定了功能单位，就须确定实现相应功能所需的产品数量，此量化结果即为基准流。基准流主要用于表征系统的输入与输出。

3.3.2 生命周期清单分析（LCI）

生命周期清单分析（life cycle inventory analysis，LCI）是生命周期评价基本数据的一种表达，是进行生命周期影响评价的基础。建立清单分析的过程即在所确定的系统内，针对每个单元过程，建立相应功能单位的系统输入与输出。清单分析的步骤用图3-1简要表示，其中分配方法是整个清单分析过程的核心和难点，会直接影响研究的过程和结论。

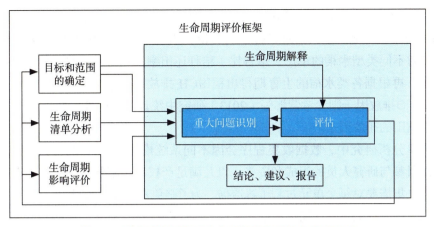

图 3-1　生命周期解释与生命周期评价其他阶段的关系

3.3.2.1　数据收集的准备

清单分析研究的范围确定后，单元过程和有关的数据类型随即初步确定。由于数据的收集可能覆盖若干个报送地点和多种出版物，因此需要进行数据准备，包括绘制具体的过程流程图，以描绘所要建立模型的单元过程与它们之间的相互关系；详细表述每个单元过程，并列出与之相关的数据类型；编制计量单位清单；针对每种数据类型，编写数据收集技术的有关说明，使数据报告人员理解该项清单分析研究所需要的信息；对报送地点发布指令，要求将涉及所报送数据的特殊情况、异常点及其他问题予以明确的文件记录。针对上述准备工作，在具体工作中常以编制一套数据采集清单来帮助收集数据。

3.3.2.2　数据收集

生命周期评价研究一开始就需要进行数据收集，因为确定研究范围和边界需要数据支持，首先需要识别系统内所有工艺步骤。清单分析需要大量的工艺数据，每一个工艺步骤的原材料使用、能量使用、产品或共生产品的比率、环境排放等都必须量化。多数情况下这些数据无法从文献中获得，必须依赖于产业部门提供。有时还需要具体地点的数据。

例如，为选取适合浙江省台州市水稻的系数，围绕浙江水稻品种、种植习惯收集文献资料，通过阅读、归纳和整理，汇总2001—2017年浙江省审定的不同种类的水稻品种和台州市实际种植的水稻品种，确定台州市的水稻种类为早籼稻、晚籼稻和粳稻以及各类水稻的生育期（蔡东升，2017；房玉伟 等，2018；张黎明 等，2019；何豪豪和林友根，2021）。之后对不同种类水稻的草谷比进行检索，根据毕于运（2010）的整理，选取20世纪80年代中期对浙江嘉兴市水稻大田生产调查得出的草谷比。水稻秸秆还田率检索到长江中下游地区（刘晓永和李书田，2017）和浙江省嘉兴市（葛佳颖和沈其林，2017）的数据，后进行综合取平均。对于稻田CH_4排放因子，多数学者

（谢婷 等，2021；唐志伟 等，2022）参考《省级温室气体清单编制指南》，该排放因子是基于2005年各地区稻田物理条件平均所得，不适用于中小尺度的研究，而本研究基于浙江省不同类型水稻的单产、草谷比、秸秆还田率、稻田水分状况得出稻田CH_4日排放因子，再根据各类水稻的生育期得出稻田CH_4排放因子，更符合台州市实际情况。对于稻田N_2O排放因子则参考营娜等（2013）研究中统计的国内外系数，并从中选取适合浙江省稻田的排放因子。

在清单分析研究中，数据收集程序会因不同系统模型中的各单元过程而变化，同时也可能因参与研究人员的组成和资格，以及满足产权和保密要求的需要而有所不同。

数据收集需要对每个单元过程了解透彻。为了避免重复计算或断档，必须对每个单元过程的表述予以记录。这包括对输入和输出的定量和定性表述，用来确定过程的起始点和终止点，以及对单元过程功能的定量和定性表述。如果单元过程有多个输入（如进入污水处理系统的多个水流）或多个输出，必须将与分配程序有关的数据形成文件和报告。能量输入和输出必须以能量单位进行量化，可行时还应对燃料的重量或体积予以记录。如果数据是从公开出版物中收集的，必须标明出处。对于从文字资料中收集到的对研究结论影响重大的数据，必须详细说明这些数据收集过程、收集时间以及其他数据质量参数的公开来源。如果这些数据不能满足初始质量要求，必须予以声明。

3.3.3　生命周期影响评价（LCIA）

生命周期影响评价（life cycle impact assessment，LCIA）是根据清单分析后所提供的资源、能源消耗数据以及各种排放数据对产品所造成的环境影响进行定性定量的评估，确定产品环境负荷，比较产品环境性能的优劣，或对产品重新设计。

目前一般将生命周期影响评价分为分类、特征化和评价3个步骤，分类和特征化是必选过程，评价是可选过程。分类属于定性作业，是将清单分析结果划分到各个影响类型的过程，将对环境有一致或类似影响的数据分作一类。在生命周期评价中一般按照对人类健康的影响、对生态环境的影响和对资源的影响分为三大类，每一大类又细分为许多具体的环境类型，例如，对生态环境的影响包括全球变暖、臭氧层损害、富营养化、酸化等具体的环境类型。特征化是使用特征化因子将同一个影响类型中的清单分析结果转化和汇总成为同一单元，例如，以温室气体的全球变暖潜值作为特征化因子，将每种温室气体的清单分析结果折合为CO_2当量，再对各种气体的计算结果进行合并，就得到以CO_2当量总数表示的参数结果。评价是通过归一化、分组和加权将分类并定量化的各种环境类型的参数结果统一归结为一个指标。

3.3.4　生命周期解释

生命周期解释的目的是根据生命周期评价前几个阶段的研究或清单分析的发现，以透明的方式来分析结果、形成结论、解释局限性、提出建议并报告生命周期解释的结果，尽可能提供对生命周期评价或清单分析研究结果的易于理解的、完整的和一致的说明。根据ISO 14043的要求，生命周期解释阶段包括3个要素，即识别、评估和报告。识别主要是基于生命周期评价中清单分析和影响评价阶段的结果识别重大问题；评估主要是对整个生命周期评价过程中的完整性、敏感性和一致性进行检查；报告主要是形成结论，提出建议。

图3-1描述了生命周期解释与生命周期评价其他阶段之间的关系。目的与范围的确定和解释阶段构成了生命周期评价研究的框架，而清单分析和影响评价阶段则提供了有关产品系统的信息。

3.3.4.1 识别主要贡献因素

生命周期解释的第一步是对生命周期评价前3个过程的信息进行检查，这是为了对生命周期清单分析和生命周期影响评价阶段结果贡献可选择性数据进行识别。通过利用统计工具、生命周期评价软件、输入输出分析等多种技术手段，结合专家咨询和工程经验，来确定主要的贡献因素。这些工具和技术能够对大量数据进行处理和分析，例如，统计分析工具如R、Python可以进行数据建模和灵敏度分析，生命周期评价软件如Simapro、GaBi则能够系统地模拟生命周期过程并计算环境影响指标。此外，输入输出分析（IOA）可以揭示经济系统中各种活动之间的相互依赖关系，而生态足迹分析可以测量和分析人类活动对自然资源和生态环境的影响。专家咨询和工程经验在识别关键影响因素时也发挥着关键作用，有助于根据实践经验对结果进行解释和验证。综合利用上述工具和资源，可以全面了解产品或服务的环境影响，并为环境改进提供可靠的指导和支持。

3.3.4.2 提出结论和建议

这一过程是生命周期评价的最后步骤，也是研究结果的体现，即根据解释阶段的结果，提出符合研究目的和范围要求的初步结论以及合理建议的过程，通常要形成研究报告。研究报告应具有完整性、公正性和透明性。报告中所提的建议通常主要面向应用。

3.4 生命周期评价软件和数据库

3.4.1 数据库

（1）Ecoinvent数据库

Ecoinvent数据库是由瑞士Ecoinvent中心开发的商业数据库（http://www.ecoinvent.org），数据主要源于统计资料以及技术文献。Ecoinvent数据库中涵盖了欧洲以及世界多国7000多种产品的单元过程和汇总过程数据集（3.1版），包含各种常见物质的生周期评价清单数据，是国际生命周期评价领域使用最广泛的数据库之一，也是许多机构指定的基础数据库之一。2021年9月发布了最新版本Ecoinvent 3.8，包含欧洲及世界多国超过18 000个活动的数据集。其中包括农业和畜牧业、建筑业、化工和塑料、能源、林业和木材、金属、纺织、运输、旅游住宿、废物处理和回收以及供水等工业部门。Ecoinvent数据库能够提供丰富、权威的国际数据支持，适用于含进口原材料的产品或出口产品的生命周期评价研究，也可用于弥补国内生命周期评价数据的暂时性缺失。

（2）欧洲生命周期文献数据库（ELCD）

ELCD数据由欧盟研究总署（JRC）联合欧洲各行业协会提供（https://simapro.com），是欧盟政府资助的公数据库系统，ELCD涵盖了欧盟300多种大宗能源、原材料、运输的汇总LCI数据集（ELCD 2.0版），包含各种常见生命周期评价清单物质数据，可为在欧生产、使用、废弃的产品的生命周期评价研究与分析提供数据支持，是欧盟环境总署和成员国政府机构指定的基础数据库之一。最新版本ELCD 3.0包含了440个汇总过程数据集，数据主要来源于欧盟企业真实数据。由于欧盟直接采购市场上现有的商用数据库，目前ELCD数据库已经停止更新。

（3）德国GaBi扩展数据库（GaBi databases）

GaBi数据库是由德国的Thinkstep公司开发的生命周期评价数据库（http://www.gabi-software.com），原始数据主要来源与其合作的公司、协会和公共机构。2022年发布的最新数据库涵盖了建筑与施工、化学品和材料、消费品、教育、电子与信息通信技术、能源与公用事业、食品与饮料、医疗保健和生命科学、工业产品、金属和采矿、塑料、零售、服务业、纺织品、废物处置等多个行业。

（4）美国NREL-USLCI 数据库（U.S. LCI）

U.S. LCI（the U.S. Life Cycle Inventory）由美国国家再生能源实验室（NREL）和其合作伙伴开发（https://www.nrel.gov/lci/），代表美国本土技术水平，包含了950多个单元过程数据集及390个汇总过程数据集，涵盖常用的材料生产、能源生产、运输等过程。

（5）韩国LCI数据库（Korea LCI datebase）

韩国LCI数据库由韩国环境产业技术院（KEITI）开发（http://www.epd.or.kr），包含了393个国内汇总过程数据集，涵盖物质及配件的制造、加工、运输、废物处置等过程。

（6）中国生命周期评价基础数据库（CLCD）

中国生命周期评价基础数据库（Chinese Core Life Cycle Database）由亿科环境自主开发（https://www.ike-global.com/#/products-2/chinese-lca-database-clcd），包含数百种大宗能源、原材料、化学品的上千个生产过程数据，数据均来自中国本国行业统计、相关标准、企业公开报告等。基于本国数据库完成产品生命周期评价是生命周期评价结果可信的首要基础。

CLCD数据库发布公开透明的CLCD数据库文档，并发布可在线追溯的原始模型。CLCD是目前国内唯一达到自身生命周期完整的基础数据库，满足C4原则。基础数据库必须涵盖几百种大宗能源、材料、化学品的资源开采、生产和运输核心过程，并建立了统一的核心模型保证一致性，由此才可保证数据库用户的下游产品生命周期评价模型完整、可追溯、结果可信，才可支持下游行业数据库的开发。行业数据库自身不能达到生命周期完整，必须依赖于基础数据库的支持。

3.4.2 生命周期评价软件

（1）SimaPro

近30年来，SimaPro一直是世界领先的生命周期评估软件（https://simapro.com）。SimaPro量化环境影响，衡量真正的环境绩效，改进产品，并报告可持续发展方面的工作。SimaPro LCA提供量身定制的可持续发展系统开发，使用SimaPro对生命周期评价进行独立验证（专家软件系统、支持产品环境效益的事实、企业碳报告数据、可持续发展报告的科学依据、以事实为基础的解决方案），帮助社会走向可持续发展。

SimaPro软件是荷兰莱顿大学和PreConsultants于1990年开发，是目前世界上应用广泛的生命周期评价软件。SimaPro具有强大的功能、极高的柔性、多样的评价方法和直观的结果表达方式，并且包含丰富的数据量和完善的数据管理能力。

SimaPro集成了世界上最先进的生命周期评价方法，如Eco-indicator 99、CML 1992 v2.1、Eeopoints 97（CH）v2.1、EPS 2000v2.1等。该软件由DataArchive、BUWAL250、DutchInput OutputDatabase 95、ETH-ESU 96 Unitprocess、IDEMAT 2001、EcoInvent 等15个数据库联合组成。包括能源与物料的投入产出原料的各项数据、包装材料数据、油品与电力等各种产业数据及环境冲击、全球变暖、温室效应等数据。可用于分析农业生产、化学品使用、能源化工、交通运输、建筑材料及服务业等多个领域的环境影响。

（2）GaBi

GaBi软件是由德国PE International公司开发的一款评价软件（https://www.gabi.com），可以从生命周期角度建立详细的产品模型，同时可支持用户自定义环境影响评价方法。使用者可以建立产品生产模型、进行输入输出流平衡、计算评价结果以及生成相关图形等。GaBi软件集成了自身开发的数据库系统（GaBi Data-Bases），同时可兼容企业数据库，包含ELCD数据库、Ecoinvent数据库等。GaBi作为世界领先的生命周期评价计算软件，其设计满足了较广领域的需求，广泛应用于生命周期评价研究和工业决策支持，为很多生命周期评价研究机构所采用。

GaBi主要支持生命周期评价项目、碳足迹计算、生命周期工程项目（技术、经济和生态分析）、生命周期成本研究、原始材料和能量流分析、环境应用功能设计、CO_2计算、基准研究、环境管理系统支持（EMASⅡ）等项目。

（3）GREET

GREET模型是由美国阿贡国家实验室研发和提供的生命周期分析工具（https://www.anl.gov/），其功能是测算出交通运输燃料的全生命周期消耗的能源和温室气体排放。

GREET模型提供两个模型完成分析：GREET.net 模型和 GREET Excel模型。模型主要计算用途，一是能源的消费总量，包括不可再生能源和可再生能源；二是排放的温室气体，主要是CO_2、CH_4和N_2O，以及6项挥发性的有机化合污染物、一氧化碳、氮氧化物、PM_{10}、$PM_{2.5}$、硫氧化物等。GREET工具涵盖100多个燃料生产途径和70多个车辆/燃料系统。使用者输入项目消耗的各种参数，就会测算出整个项目的温室气体消耗情况。在交通运输领域，GREET 模型涵盖公路、航空、水运和铁路运输子行业。

（4）openLCA

openLCA是一个强大的多功能工具，用于详细的生命周期和可持续性评估（https://www.openlca.org/onlinelca/）。openLCA使用免费。有多种深度挖掘功能，因此对技术背景较强的用户很有帮助。软件功能可以调整清单分析数据集，这意味着可以调整环境数据集使其与产品的生产流程和输入相匹配。此外，该软件还具有多项分析功能，可用于评估产品的环境影响和性能。

使用openLCA，可以更广泛地调查添加到应用程序中的环境数据集。这样就可以进行高级供应链分析。如前文所述，如果要使用生命周期评价工具来衡量影响，则需要依赖清单分析数据库。openLCA提供许多不同数据库的访问权限，但这些数据库中大部分收费。

（5）eBalance

eBalance适用于各种产品的生命周期评价分析（https://www.ike.com），不仅支持完整的生命周期评价标准分析步骤，还有更多的增强功能，可大幅提高用户的工作效率和工作价值，可用于基于生命周期评价方法的产品生态设计、清洁生产、环境标志与声明、绿色采购、资源管理、废弃物管理、产品环境政策制订等工作中。

3.5 生命周期评价优点与局限性

生命周期评价对经济社会运行、可持续发展战略、环境管理系统带来了新的要求和内容。但同时生命周期评价只是风险评价、环境表现（行为）评价、环境审核、环境影响评价等环境管理技术中的一种，它并不是万能的。生命周期评价主要的局限性体现在范围、方法、数据3个方面。

3.5.1 生命周期评价优点

生命周期评价作为一种全面、系统、定量且开放的评价方法，在促进可持续发展和环境保护方面具有重要意义。

全面性 生命周期评价考虑整个产品或行为的全过程，从原材料采集到废弃物处理，全面分析环境负荷，使得环境影响的来源及解决办法得以综合考虑，填补了传统污染治理范围狭窄的不足。

系统性和定量化 生命周期评价采用系统思维分析产品或行为在整个生命周期中

的资源消耗、废物产生和对环境的影响,定量评价能量和物质的使用,识别和评价改善环境影响的机会。

重视环境影响　生命周期评价强调产品或行为在生命周期各阶段对环境的影响,包括能源利用、土地占用和排放污染物等,最终反映环境影响的总量。注重分析系统对自然资源、生态系统和人类健康的影响。

开放性　生命周期评价是一个开放的评价框架,其方法可以根据评价需求自由调整,适用于不同领域,包括产品评价、建筑、规划和风景园林等人居环境建设学科。

3.5.2　生命周期评价局限性

传统的生命周期评价方法仅仅单一地研究同一产品在不同生产条件下的能耗问题,而现在的生命周期评价工具已经应用到了对某一过程所涉及的能耗问题、资源问题、污染问题的综合研究。从单一研究发展到综合研究使问题大大复杂化,生命周期评价方法的局限性已经显现。

①生命周期评价需要大量的基础数据,这些数据的收集和现实中这类数据的缺乏是一个困扰人们的问题。一个充分的生命周期评价项目往往涉及成千上万的数据。例如,有资料估计,一个较完整的生命周期评价需要逾60万个基础数据。材料的生命周期评价需要的大量的基础数据作为前提条件,这会使生命周期评价成本高和耗时长。根据国外资料的调研发现,完成一种产品的生命周期评价的成本在15 000~300 000美元,折合人民币约$1.0 \times 10^4 \sim 2.0 \times 10^6$元,并且,在国外,完成一个生命周期评价项目一般要0.5~1年的时间。

②生命周期评价的边界定义,难以考虑真正意义上的生命周期全过程,其边界不完整、不统一。如何定义边界及其定义时应遵循的原则还存在争论,这就导致在对某一系统进行生命周期评价时,其边界不清楚。对某一具体的材料而言,在其整个生命周期中,由于其中任一道工序既是相对独立,又是相互制约和影响的,如果采用追溯的方法,其系统边界是难以确定的。

③数据具有时效性和地域性,超越某一有效时间或跨越某一特定地区的数据是不准确的,甚至是错误的。由于无法取得或不具备有关数据,或数据质量问题限制了生命周期研究的准确性。1991年2月《科学》杂志发表了一篇应用生命周期评价方法比较纸杯和聚氯乙烯发泡塑料杯的环境影响的论文,作者认为后者造成的环境污染要小一些。但很快论文受到其他研究人员的质疑,指出论文中引用的数据多为过时数据,在北美,当时纸的生产技术和废弃物处理技术都有很大改进,这些改进均倾向于纸杯更有利于环境的结论。

④目前生命周期评价应用研究中,一般只进行清单分析(LCA-1),很少进行影响评价(LCA-2)和改善评价(LCA-3)。即使进行后两部分工作,也只是简化处理,其主要原因是影响评价缺乏标准化的方法和指导性强的理论基础,而改善评价还没有明确一致的定义。例如,排放物对人体健康的影响评价方法,目前生命周期评价主要采用数理统计学的知识,通过描述剂量—反应关系来推测。由于对人体的致病机理不了

解，建立的健康评价和预测模型往往存在很大的不确定性。因此，生命周期评价还有待从理论上加以完善。

思考题

1. 在生命周期评价中，如何确保符合标准规范，以保证评价结果的准确性？
2. 生命周期思维如何在产品或项目设计阶段发挥作用？请通过案例说明。
3. 在生命周期评价中，如何平衡不同利益相关者的需求和利益？

拓展阅读

生命周期评价. 邓南圣，王小兵. 化学工业出版社，2003.

参考文献

GB/T 24040—2008，2006. 环境管理 生命周期评价 原则与框架[S].
GB/T 24044—2008，2006. 环境管理 生命周期评价 要求与指南[S].
陈莎，刘尊文，2014. 生命周期评价与Ⅲ型环境标志认证[M]. 北京：中国质检出版社，中国标准出版社.
杨建新，2002. 产品生命周期评价方法及应用[M]. 北京：气象出版社.

第4章 城乡蓝绿空间碳足迹生命周期评价应用

> **学习重点**
>
> 1. 掌握城乡蓝绿空间碳循环的基本原理;
> 2. 理解宏观、中观、微观3个尺度的划分;
> 3. 明确直接增汇、间接减排、直接减排3种碳作用途径的具体内容;
> 4. 了解碳足迹环境影响评价中常用的方法。

生命周期法能够应用于分析包括碳足迹在内的所有环境影响类型(张志强 等,2015),提供了环境评价的系统性框架。本章将生命周期法应用于城乡蓝绿空间碳足迹评价,重点阐述目标范围界定、评价清单编制、环境影响评价、评价结果解析4个步骤,并基于蓝绿空间动态性、长期性的特征,对评价方法与侧重点进行调整修正。在城乡蓝绿空间碳足迹评价中应用这一方法,有助于通过量化分析综合考虑城乡蓝绿空间各个阶段碳汇与碳排的情况,一定程度上突破了目前全生命周期方法主要应用于产品生产的使用局限,是对全生命周期方法的拓展和完善。

4.1 城乡蓝绿空间与生命周期评价

4.1.1 城乡蓝绿空间应用生命周期评价的意义

生命周期评价方法通过考察产品、行业甚至产业链的整个生命周期,对决策过程中的环境因素作出评价,包括战略性、运营与细节操作的各个方面,从而使系统操作与产品更符合可持续发展的原则。

生命周期评价方法所具备的全面性、系统性、定量化、开放性的优势,不仅可以解决系统微观层面的生产、使用、再生和处置等生命周期各阶段的资源和环境的合理配置，而且可以探究宏观层面上人为活动与自然环境之间的相互作用与影响，进而为区域发展决策提供依据。

通常在城乡系统的认识中，建筑、工业生产、交通运输等成为公认的高碳源聚集领域，而城乡蓝绿空间则是城乡区域内唯一的自然碳汇，是实现城乡生态和碳汇功能的主要途径（骆天庆，2015）。将生命周期评价运用于城乡蓝绿空间与其他产品的最大区别在于，城乡蓝绿空间可以通过植物的生长和蓄积获得碳吸收效应。因此在蓝绿空间全生命周期时间段内，其同时具有碳排放和碳吸收的双重过程。

从城乡蓝绿空间的碳循环机制出发，综合考虑蓝绿空间的植物碳汇和建造、运营的碳排双重效益，使得蓝绿空间碳源汇状况有明显的不确定性。运用生命周期评价方法可以全面地考虑蓝绿空间规划设计、植物种植与生长、施工建造和管理养护过程中的碳收支效益，从多个实施方案中按照效益最大化的原则，选择最佳设计方案，实现更为科学的决策（Strohbach et al.，2012）。

生命周期评价法在1990年就已被应用于建筑领域，成为建筑环境影响评价的一种重要工具，此后，在城乡蓝绿空间领域也陆续展开了研究。Strohbach等以莱比锡某城市绿地为例，模拟了不同栽植密度、生长速率、死亡率及管理方式下的50年生命周期范围内的碳收支状况，是综合核算城乡蓝绿空间生命周期碳足迹的首例研究（Strohbach et al.，2012）。McPherson & Kendall 以芝加哥百万树木计划为例，核算了从苗木生产到林木修剪和清除用于覆盖和生物制能40年生命周期的碳足迹清单（McPherson & Kendall，2014）。以美国梧桐为例，核算了50年生命周期内的固碳量和不同管理方式下的碳排量（McPherson et al.，2015）。

由此可见，城乡蓝绿空间的碳足迹的发展是长期变化的过程，若仅从存量的角度进行碳足迹评估，常常会夸大植被碳汇的贡献能力，忽视蓝绿空间建造、运营过程中的碳排放。因此，应用生命周期评价方法进行城乡蓝绿空间碳足迹评价，对于科学定位城乡蓝绿空间在生态系统碳循环的作用具有重要价值（何晶，2017）。

4.1.2 城乡蓝绿空间碳循环过程

物质流和能量流是生态系统中描述物质和能量在系统内部传递和转化的两种重要方式，物质的代谢是系统碳通量的载体，其循环过程伴随着能量的转化。城乡蓝绿空间作为一个多要素、多层次的生态、社会、经济复合系统，通过物质流、能量流分析方法，可以更深入地了解碳元素复杂的循环过程。这不仅有助于充分理解蓝绿空间系统的结构和功能以及生态平衡的维持机制，也为生命周期碳足迹研究奠定基础（赵荣钦，2012）。

4.1.2.1 物质流分析

物质流 是指生态系统中物质运动和转化的动态过程。

物质是不灭的,物质也是生命活动的基础。生态系统中的物质,主要是指生物为维持生命所需的空间内外物质(如水、碳、营养物质),它们在各个营养级之间循环与转移,并联合起来构成物质流(李振基 等,2014)。其流向可以是线性的,从输入到输出;也可以是循环的,通过回收和再利用形成闭环(图4-1)。城乡蓝绿空间物质流包括原料和产品输入、储存和输出等过程,所伴随的蓝绿空间系统碳通量包括碳输入通量与碳输出通量两大类。

图4-1 城乡蓝绿空间碳元素物质流

(1)城乡蓝绿空间碳输入通量

类型主要有能源、原材料以及植物光合作用碳吸收等,具体包括:

化石燃料 是指煤炭、石油、天然气等这些埋藏在地下和海洋下的不能再生的燃料资源。是系统最主要的能量来源,其中的碳通过原材料生产、运输等过程输入蓝绿空间系统。

建筑材料 既包括蓝绿空间中建筑物、构筑物建造所需要的木材产品输入,也包括以无机碳形式(如碳酸盐类岩石、水泥等)的建造原材料输入。

有机肥 主要包括用于蓝绿空间运营养护的人工肥料投入,施用后一部分会分解为CO_2,另一部分将转变为土壤碳库的一部分。

植物光合作用 指城乡蓝绿空间中植被生长过程中会吸收一定的碳并固定下来,作为自然过程的蓝绿空间碳输入通量,是碳汇的主要形式。植物吸收大气中的CO_2与土壤中的水分,通过光合作用将其转化为有机物,形成植物碳库。其中部分被分配到植物组织中,促进植物生长,部分则通过呼吸作用释放回大气中(图4-2)。

水域碳吸收 主要指蓝绿空间中水域生态系统的光合作用带来的物质生产。随着藻类和其他水生生物等有机物的死亡、沉积,光合作用的碳吸收有一部分会进入到水域沉积物中,变为稳定的碳库;同时,通过降水也会带来一定的碳沉降。

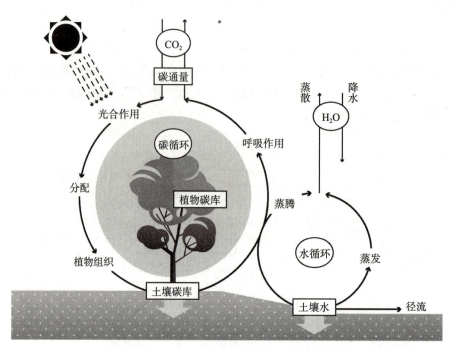

图 4-2　植物在蓝绿空间碳循环中的作用机制

河流碳输入　通过地表水将溶解的有机碳输入城乡蓝绿空间，是水平碳输入的重要方式。

（2）城乡蓝绿空间碳输出通量

主要指各种途径的碳排放，以及部分以废弃物为载体的碳输出，具体包括：

呼吸作用　是指机体将来自环境的或细胞自己储存的有机营养物的分子（如糖类、脂类、蛋白质等），通过一步步反应降解成较小的、简单的终产物（如CO_2、乳酸、乙醇等）的过程。蓝绿空间中的植物、土壤、动物（人类）都会通过呼吸作用释放碳，作为自然过程的碳输出途径。其强度主要受到植被与土壤类型、生产力大小、人为活动等因素的影响，且不会在系统中长期储存，通常以CO_2的形式迅速排放到大气中。

化石燃料燃烧　在城乡蓝绿空间的原材料生产、运输、建造、运营等活动过程中，煤、石油、天然气等化石燃料燃烧所带来的碳排放是系统最主要的碳输出通量。

废弃物释放　包括蓝绿空间中植被凋落物的碳输出，以及日常建造运营中产生的垃圾、废弃物、废水等，其中一部分分解释放CO_2和CH_4，另一部分则作为代谢废弃物输出系统之外。

水域碳释放　是指城乡蓝绿空间中河流、湖泊、湿地等水域挥发产生的碳输出。

河流碳输出　指含碳物质随排水系统输送出系统之外。

综上所述，城乡蓝绿空间碳输入通量、碳输出通量均可分为水平通量和垂直通量两种类型，二者在流通方向、流通形式和载体方面都有所区别。图4-3代表了城乡蓝绿空间的碳通量框架。其中水平碳通量主要以碳水化合物的形式进行流通，而垂直碳通量主要以CO_2的形式进行流通。

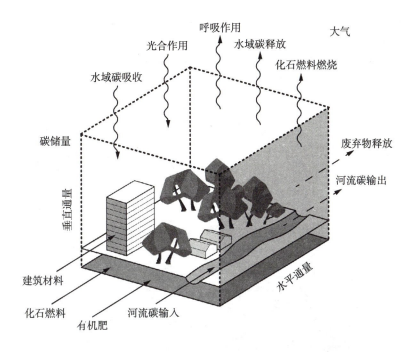

图 4-3 城乡蓝绿空间碳循环框架图（Christen et al., 2010）

除了碳通量外，城乡蓝绿空间还具有一定的碳储存能力。通常可以将蓝绿空间碳库分为自然碳库与人为碳库，具体包括土壤碳库、植被碳库、水域碳库、建筑物碳库、人体与动物碳库、垃圾碳库等。

4.1.2.2 能量流分析

能量流是指单元过程或系统中以能量单位计量的输入或输出。

伴随着城乡蓝绿空间中含碳物质的输入、储存与输出，城乡蓝绿空间能量流分为自然过程与人为过程两个部分。

自然过程 源自太阳的辐射能被植物通过光合作用吸收并转化为化学能，这些能量随后通过食物链传递给其他生物体。在这个过程中，能量在每一级逐步转移，并最终以热量的形式散失到环境中，展示出其单方向和非循环的特性。

人为过程 其中能量流动涉及化石燃料，如煤炭、石油和天然气，这些由地下深层的土壤通过成炭作用形成的能源，是人类活动中极为重要的能量来源。这些化石燃料作为不可再生的一次能源，一方面能够直接应用于人类的生产建造、交通运输等领域，其燃烧过程中碳会伴随着大量热能散失在大气中；另一方面，也可以经过转化加工形成以电力为代表的二次能源，并广泛应用于生产运输、照明供暖等领域（韩笋生，2014）。

与自然生态系统相比，城乡蓝绿空间要维持其生态功能和社会功能，需源源不断地从外部输入能量，并经过传输、综合利用等环节，使其在系统中流动。由于蓝绿空间的高度开放性，所产生的环境影响的范围要远远超过它的物理边界（Churkina G,

2008）。因此，可再生能源（如水能、核能、风能和太阳能等）的利用，在全球能源结构中占有越来越重要的位置，这些能源不仅有助于减少环境污染，还推动了全球向可持续能源发展的转型，是未来能源发展的关键方向之一（图4-4）。

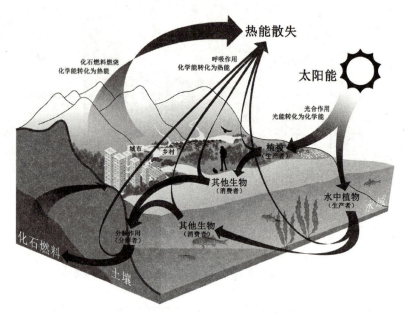

图 4-4　城乡蓝绿空间能量流

4.1.3　城乡蓝绿空间碳足迹生命周期评价框架

4.1.3.1　城乡蓝绿空间的特征

钱学森认为，系统是指相互作用和相互依赖的若干组成部分构成的具有特定功能的有机整体（冯海旗 等，2009）。与自然生态系统相比，城乡蓝绿空间表现出整体性、层次性、结构功能性、环境适应性与反馈性的特征（赵荣钦，2012）。这些特征的识别，对于生命周期评价方法的应用具有重要意义与指导作用。

整体性　视角强调将城乡蓝绿空间的各部分视为一个统一的有机体，关注各组分的协同作用及发展规律。这一特征要求从蓝绿空间的整体效益出发，注重增汇减排功能的提升，同时考虑生态功能的协同增效。

层次性　是指由于城乡蓝绿空间各组成元素之间的差异，其在地位、作用、结构和功能上表现出等级秩序性，而形成不同的等级。蓝绿空间碳足迹的评价，一方面要探讨蓝绿空间与其外部系统或上级系统间的碳循环互动；另一方面也要研究蓝绿空间内部子系统之间的碳交换过程，从不同层级的视角出发实现碳足迹优化。

结构功能性　指任何系统都具有一定的结构，系统的结构决定了系统的功能，系统的功能是与其结构相匹配的（王建，2001）。城乡蓝绿空间碳足迹优化，应该从其结构和功能的相关性入手，进行特征与规模的精准调控。

环境适应性与反馈性 任何系统都存在于一定的物质环境中，必然要与外界环境产生物质、能量和信息的交换并接受外界的反馈，外界环境的变化必然对系统产生影响。因此，利用外界环境反馈来评估蓝绿空间碳足迹，是实现生命周期环境管理目标的关键因素。

4.1.3.2 评价实施框架

（1）空间尺度划分

在进行城乡蓝绿空间碳足迹生命周期评价时，通常将空间层次划分为宏观、中观和微观3个尺度，以确保城乡蓝绿空间评价的深度与广度（图4-5）。

宏观尺度 探讨的范围扩展至整个市域或区域，包括自然保护区、城市绿地、水体以及其他以自然或人造植被为主的大型蓝绿空间。其着眼于城乡蓝绿空间的总体分布特征，以及区域大环境的蓝绿空间规划布局。

中观尺度 聚焦于城乡环境中的蓝绿空间斑块，如城市公园、湿地公园、产业园区、防护绿带等。这一尺度评价侧重于独立斑块的详细设计、建造运营维护的过程，探究局部范围内的碳足迹特征及所提供的生态系统服务。

微观尺度 深入蓝绿空间内部，细致考量植物群落结构和植物个体的特征。重点针对不同生态功能和审美需求进行植物配置和树种选择，并评估维护管理措施对碳足迹的具体影响。

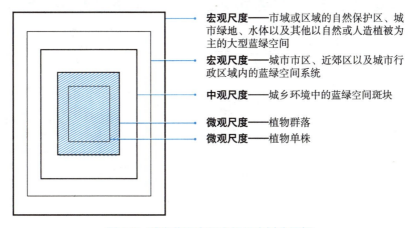

图 4-5 城乡蓝绿空间空间尺度划分图解

（2）时间阶段划分

蓝绿空间规划设计作为先行者，是整个生命周期的关键起点，对其后期的建造和运营具有某种程度上的决定作用，不同的规划设计方案必然会导致后期运营管理措施的不同。Strohbach M. W. 等（2012）关于城市园林绿地的碳足迹研究表明，城市绿地的碳足迹主要受规划设计及其相关的管理养护方式的影响。

在蓝绿空间生命周期中，规划设计阶段包含理念的确立、目标的设定和方案的选择，这一阶段需要考虑长远的环境影响与社会影响。建造运营阶段包括实施规划设计、进行施工建造，以及执行日常管理和长期养护。这两个阶段紧密相连，规划设计为建造运营奠定了基础，而建造运营的实施又反过来检验规划设计的可行性和有效性。

（3）应用评价流程

基于生命周期评价方法的一般流程，适配于城乡蓝绿空间的独有属性，构建了综合性的实施框架（图4-6），具体包括以下步骤：

目标范围界定 确定蓝绿空间碳足迹评价的具体目标和研究范围。评价以增汇减排、生态系统服务功能提升为总体目标，从宏观、中观、微观3个尺度进行细化，明确各层级的目标协同增效。

评价清单编制 收集必要的数据并编制清单，从规划设计、建造运营2个阶段进行细化，聚焦植被、地形水体、建筑构筑物、硬化表面、配套设施5类要素。最终确定完善的城乡蓝绿空间生命周期碳足迹评价清单，并在后续阶段为碳足迹评价提供精确的数据支持。

环境影响评价 从直接增汇、间接减排、直接减排3种碳作用途径入手，评价城乡蓝绿空间中的具体活动对碳循环的整体影响。这一过程包括与碳足迹评价清单中项目碳汇、碳排量的计算，旨在揭示各生命周期阶段对环境影响的具体情况。

评价结果解析 分析并解释碳足迹评估结果，将其与城乡蓝绿空间的特性密切结合，从而提出针对性的改进措施。通过融合城乡蓝绿空间规划的理论与方法，制定全空间尺度、全周期阶段、全物质要素的碳足迹优化措施。

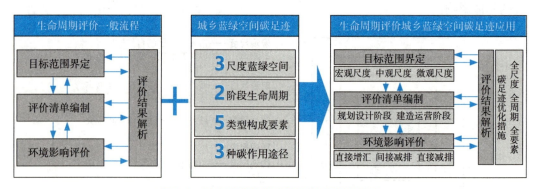

图 4-6　城乡蓝绿空间碳足迹评价应用框架

4.2　城乡蓝绿空间碳足迹目标范围界定

4.2.1　评价目标

城乡蓝绿空间碳足迹优化的最终目标是人与自然关系的协调，使区域开发、资源利用与生态保护相衔接，实现人文生态系统的整体最优化（王云才，2014）。蓝绿空间碳足迹评价以增汇减排、生态系统服务功能提升为目标，以期得到生命周期碳足迹量化的结果，从而提出适合相应地区的规划设计方案与管理维护策略，减少能源资源的消耗、增强城乡蓝绿空间的碳汇能力，为城乡蓝绿空间规划设计和建造运营提供环境管理依据（张浪 等，2016；张颖，2022）。

（1）蓝绿空间增汇减排

从低碳理念出发，生命周期碳足迹评价的目标就是通过增碳汇、减碳排来优化蓝绿空间的低碳功能，蓝绿空间的低碳功能可以分为直接增汇、间接减排和直接减排3个方面（骆天庆，2015）。

直接增汇 是指绿地与植被的碳汇能力，可以通过增加植被覆盖面积、优化植物配置方式，或是促进植物固碳释氧的生理过程等方式，提升城乡蓝绿空间的碳汇能力。

间接减排 是指通过影响周边环境的通风减排、热岛效应、到访交通的碳排放量、发挥低碳教育的示范作用等途径，影响蓝绿空间其他系统的碳排水平。

直接减排 是指建造运营过程中的碳排放，包括生产、运输、施工、维护过程中的能耗。绿色材料、高效能源设备和低碳技术的应用，可以显著降低碳排放量。

城乡蓝绿空间系统化降碳减排应建立在合理、精准测算的基础之上，在规划、设计、建造、运营等环节对采取全生命周期的碳足迹核算，实现有针对性的材料、设备或设计工艺的升级、改良或者替换。

（2）生态系统服务功能提升

城乡蓝绿空间碳足迹评价目标不仅局限于增汇减排功能，注重空间的容量和质量，更应强调生物多样性以及生态系统的整体健康和综合服务功能提升（叶兴平，2017）。通过提升绿地、湿地等自然环境的服务功能，可以改善城市生态环境质量，减轻污染，缓解城市热岛效应，并促进空气净化和水资源保护，同时有助于增强城市生态系统的稳定性和抗干扰能力，提供更丰富的生态文化体验和休闲空间，改善居民的生活质量。

从不同尺度视角出发，城乡蓝绿空间碳足迹优化涵盖了多层次的评价目标（张浪 等，2016）。

在宏观尺度上 区域和城区层面的蓝绿空间规划着眼于支持整个城乡生态系统的可持续性，通过保护和改善城市生态系统来减少环境污染、增强生态系统的韧性、保护生物多样性，进而实现促进碳固定和减缓气候变化的目标，构建和谐可持续城乡环境，实现环境目标和社会福祉。

在中观尺度上 针对蓝绿空间斑块，如公园、湿地或绿化带，评价旨在根据生态原则进行环境建设，以实现具体的环境、社会和文化效益。包括采用生态友好的设计和管理实践来减少污染和环境压力、改善局部环境质量，并保护或增强生物多样性。此外，中观尺度的目标还强调创造与自然和谐共存的文化和美学体验，通过蓝绿空间规划设计唤起公众对自然美和生态价值的认识与欣赏，增强人们的环境意识和参与感。

在微观尺度上 聚焦于城乡蓝绿空间内部的具体植物群落和植株层面，评价目标通过科学的选种和养护方法，形成更加稳定和自我维持的植被结构。这不仅有助于增强碳固定能力，还能够减少维护需求和资源消耗，提升生物多样性。通过精细化管理，微观尺度的优化旨在实现植被群落的健康成长和动态平衡，确保蓝绿空间的长期生态服务和美观价值。

总而言之，城乡蓝绿空间碳足迹评价能够协调人类活动与自然环境、社会经济发展与资源环境、生物与非生物环境、生物与生物及生态系统之间的关系，是实现资源永续利用和社会、经济、生态可持续发展的重要途径之一，对于生态系统、区域乃至全球的持续发展而言，具有重要的意义。

4.2.2 系统边界

城乡蓝绿空间的系统边界是指在生命周期评价中需要考虑的特定蓝绿空间的空间范围、时间范围、功能单元和环境影响评价范围。制定系统边界的意义在于通过一组准则确定哪些单元过程属于城乡蓝绿空间系统，有助于获得更全面、完善的评价结果。

系统边界通常以人类活动发起起始到活动结束终止（刘洋，2019），区别于一般工业产品的生命周期阶段，城乡蓝绿空间生命周期过程中涵盖一个复杂庞大的体系，涉及人、地及其相互作用各个方面，不仅需要考虑生产、建造等各个环节的碳排放，还需要充分考虑蓝绿空间规划布局、设计方法等因素所影响的植被碳汇能力。当然，在蓝绿空间生命周期系统中，有些过程因子虽然参与了系统构建，如人工、个人计算机所产生的碳排放，但对系统的环境影响贡献十分有限，或环境影响数据难以收集或尚不明确，因此为避免对评价结果准确性产生干扰，这些过程一般会被人为地排除在系统边界之外（李振基 等，2014）。

因此，根据现实情况，城乡蓝绿空间生命周期系统边界包括规划设计和建造运营两个阶段，过程中涉及碳汇、碳排两方面的作用途径。

规划设计阶段 是城乡蓝绿空间建设发展的先导，要求在城乡复杂用地限制的前提下，通过指标调控、布局优化、类型创新和种植方式改良等措施，来实现蓝绿空间生命周期后续阶段的碳足迹优化。虽然这一阶段并没有实际的碳汇、碳排量产生，但对未来蓝绿空间运营期间植被碳汇和减排效益有着决定性的影响。碳汇方面，主要考虑绿地水体比例、空间布局、植被类型、生境类型等影响因素；碳排方面，蓝绿空间规划设计以间接减排为主，考虑在降温增湿、通风减排、绿色出行3个方面的减排效益。

建造运营阶段 其生命周期进一步细分为生产、运输、建造、运营维护、拆除5个阶段（图4-7），计算对象包括植被、地形水体、建筑构筑物、硬化表面、配套设施5类蓝绿空间的主要构成要素。在充分考虑评价对象所处的自然地理背景及植被特征的基础上，通常将蓝绿空间分为乔木、灌木、草本、水生植物4个植物层子系统，来评价其植株生物量和碳汇量。碳排方面，尽可能全面地考虑各环节可能的碳排放源，包括能源消耗与材料消耗：生产过程主要考虑建材生产的碳排放；运输过程主要考虑汽油和柴油消耗产生的碳排放；建造过程碳排放的主要来源是机械设备的能源消耗（柴油和天然气）；运营维护过程碳排放包括灌溉、施肥和施农药的使用；拆除过程主要考虑机械设备的能源消耗以及修剪、枯落物处理（Zhang Y et al.，2022）。

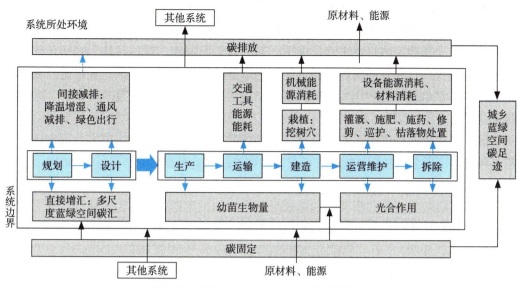

图 4-7 城乡蓝绿空间全生命周期系统边界

4.2.3 时空边界

在生命周期评价中，划定时空边界主要考虑设定时间边界、明确多尺度评价的功能单元两方面。特别是城乡蓝绿空间，其生命周期系统涉及人与自然各个方面的相互作用，是一个更为复杂的系统，确定时空边界更能够确保评价的全面性、可比性和准确性，从而提供更可靠的评价结果与优化措施。

4.2.3.1 时间边界

时间边界 指城乡蓝绿空间生命周期评价中，整个生命周期系统运行和数据收集的时间范围（王婧，2015）。

对于城乡蓝绿空间而言，评价过程涉及长期的生态过程和服务，包括植物的生长、成熟以及与之相关的碳汇碳排能力的变化。考虑到植被种植后的生长调控周期，大多数植被在种植后的50年达到一个相对稳定的生长状态，且此后植被固碳能力不再发生剧烈变化且无须常规维护。因此，在城乡蓝绿空间生命周期碳足迹评价中通常设定时间边界为从建造年份起始的50年。

4.2.3.2 空间边界

空间边界 是指城乡蓝绿空间生命周期评价的功能单位，定义了系统所提供输出功能的度量单位。它作为城乡蓝绿空间碳足迹评估的计量基础，提供了一个参考点，用于对比分析其中的输入与输出。这一概念在生命周期评价中至关重要，因为它确保了评价结果之间的比较具有一致性和可行性（郑秀君 等，2013）。

在城乡蓝绿空间碳足迹评价时，功能单元设定通常取决于评价对象的尺度。在宏观尺度下，通常以整个城市、区域、流域边界作为碳足迹评价功能单元，从整体蓝绿空间的视角计算碳足迹；在中观尺度下，通常以公园绿地、绿地斑块为功能单元，尤其是统一进行工程建设的具体项目，综合考虑其内部各要素的碳汇、碳排量。在微观尺度下，功能单元可以界定为植物群落、场地等，更细致、高精度地对碳汇、碳排进行量化评价。

因此，正确选择蓝绿空间碳足迹评价的功能单元能够支持相应的生命周期评价成果；相反，不适合的选择可能导致所获得的评价结果毫无意义（邓南圣，2003）。

4.3 城乡蓝绿空间碳足迹评价清单编制

在形成评价清单之前，需要进行清单分析，包括数据收集、数据审定、数据与功能单元关联等一系列过程，经过不断的完善分析，最终确定全面的城乡蓝绿空间生命周期碳足迹评价清单。因此，下文所介绍的评价清单是基于常规情景选择，针对具体的评价对象和评价目标，所采取的评价清单也会有所调整。

4.3.1 规划设计阶段

在规划设计阶段，蓝绿空间碳足迹主要考虑不同尺度下的空间布局模式、植被覆盖类型等对碳汇、碳排产生的影响，通常以直接增汇、间接减排两个方面为主（表4-1）。

4.3.1.1 直接增汇

（1）宏观尺度

直接增汇在宏观尺度上的核心关注点是城乡蓝绿空间的整体规模和特性，具体来说，包括对蓝绿空间总体覆盖面积的考量以及在这些区域内绿地和水体的碳吸存能力的评估。这种考量不仅涉及空间的物理大小，即蓝绿空间在城乡区域中所占的比例和分布状况，而且还包括这些空间的质量，特别是它们的生态结构和功能如何贡献于大气中CO_2的减少。

在这个层面上，评估的目的是识别和扩大那些具有高碳固定潜力的区域，通过增加树木覆盖率、恢复湿地等手段提升整个区域的碳汇功能。为了深入分析和理解高绿量蓝绿空间的特点，选取的评价清单涵盖了一系列关键指标，如绿地分类、绿地面积、绿地率、蓝绿比、三维绿量、归一化植被指数（NDVI）等。

（2）中观尺度

直接增汇在中观尺度上的评价侧重于蓝绿空间内部的植物配置，旨在通过精细调整植物组合和布局来最大化其碳汇潜力，不同类型的植物群落在碳吸收和储存方面具

表 4-1 城乡蓝绿空间生命周期规划设计阶段碳足迹评价清单

评价尺度	影响途径	评价指标
宏观尺度	直接增汇	绿地分类
		绿地面积
		绿地率
		蓝绿比
		三维绿量
		归一化植被指数（NDVI）
	间接减排	蔓延度指数（CONTAG）
		聚合度（AI）
		斑块面积百分比（PLAND）
		景观形状指数（LSI）
		最大斑块指数（LPI）
		香浓均匀度指数（SHEI）
		斑块数量（NP）
中观尺度	直接增汇	绿地率
		绿化覆盖率
		蓝绿比
		林草比
		路网密度
		郁闭度
		植被类型
		高碳汇能力树种占比
		乡土树种占比
	间接减排	绿地斑块边缘密度
		公园绿地可达人口比
		服务设施布局
微观尺度	直接增汇	郁闭度
		疏密度
		叶面积指数（LAI）
		植被类型
		高碳汇能力树种占比
		乡土树种占比
		植物规格
		三维绿量
	间接减排	植物群落结构
		植被类型
		立体绿化推广率

有不同的能力，因此选择合适的植物种类和配置方式对于提高蓝绿空间的整体碳汇效率至关重要。评价指标的选择不仅考虑到植物群落的类型，也关注到蓝绿空间的设计特征、综合服务能力的提升以及与周边环境的互动关系。

乔木和乡土植物的选用是有效提升蓝绿空间碳汇能力的关键因素。乔木因其较大的生物量和较长的生命周期，能够在较长时间内固定更多的碳；而乡土植物因其对当地环境的适应性强，可以减少维护需求，同时保持稳定的碳吸收率。相应指标选取包括绿地率、绿化覆盖率、蓝绿比、林草比、路网密度、郁闭度、植被类型、高碳汇能力树种占比、乡土树种占比等。以这些指标为基础，既反映了蓝绿空间碳汇的量化属性，也体现了质化特征，这一尺度的碳汇评价对城乡低碳蓝绿空间的规划建设有直接借鉴意义。

（3）微观尺度

直接增汇在微观尺度上评价内容关注于蓝绿空间中单个植株以及植物群落的碳汇能力。众多研究分析揭示了植物的类型、年龄、规格以及群落结构等因素对其固碳能力的显著影响，且不同类型的植物在碳吸收和储存方面表现出显著的差异，这些差异不仅源自植物本身的生理特性，还与其生长环境和群落中的相互作用有关（王敏 等，2022）。

因此，在评价清单在选取指标时，聚焦于能直观反映蓝绿空间植被直接增汇能力的变量，包括郁闭度、疏密度、叶面积指数（LAI）、植被类型、高碳汇能力树种占比、乡土树种占比、植物规格、三维绿量等。这些特征与植物的生长速率和生命周期阶段相关，进而影响其碳汇能力。

4.3.1.2 间接减排

城乡蓝绿空间的间接减排效益主要体现在蓝绿空间格局特征上，可以通过优化蓝绿空间布局、提升蓝绿空间分布的均衡性、以定性调控的方式来降低蓝绿空间周边建筑以及到访交通的能源消耗来实现。因此，蓝绿空间间接减排的评价清单主要考虑降温增湿、通风减排、绿色出行3个方面的影响方式。

其中，宏观层面选取与蓝绿空间分布格局相关的指标包括蔓延度指数（CONTAG）、聚合度（AI）、斑块面积百分比（PLAND）、景观形状指数（LSI）、最大斑块指数（LPI）、香浓均匀度指数（SHEI）、斑块数量（NP）等，来反映蓝绿空间的间接减排能力；中观层面选取绿地斑块边缘密度、公园绿地可达人口比、服务设施布局等指标，衡量斑块内部特征的间接减排能力；微观层面选取植物群落结构、植被类型、立体绿化推广率等与植被配置特征相关的指标（表4-1）。

4.3.2 建造运营阶段

在建造运营阶段中，生产阶段涉及植被幼苗和人造建材的制造；运输阶段包括将材料和设备运送到建设现场的过程；建造阶段指实际的蓝绿空间施工过程，包含植株种植、土方处理和建筑构筑物建造等；运营维护阶段包含植被、建筑、配套设施的日常养护运营；最后的拆除阶段涵盖了植被的更新移除、建筑物服务周期结束后的拆卸工作等（图4-8）。

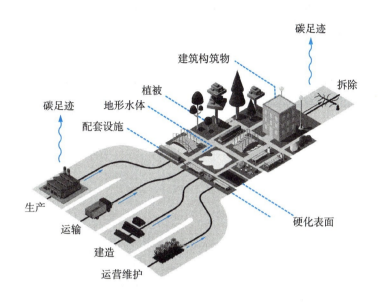

图 4-8　城乡蓝绿空间建造运营阶段碳足迹

4.3.2.1　直接增汇

城乡蓝绿空间在全生命周期中所产生的实际碳固定量，主要来源于建造运营阶段的直接增汇作用。在进行碳固定量评估时，评价清单中不仅考虑了植物的初始生物量，也兼顾了其整个生长过程中的碳汇能力，以确保从植物幼苗到成熟期间所进行的碳汇都被计算在蓝绿空间系统的总碳汇量之中。

为了提高评估的准确性，评价需要充分考虑评价对象所处的自然地理环境，包括气候条件、土壤类型和水分可用性等因素，因为这些都会对植物的生长速度和碳汇潜力产生影响。评估过程中，通过采用生物量模型来量化植被的碳封存能力，并根据实际植物生长数据和生态学原理确定不同植物类型的生长曲线，可以基于这些生长曲线来估算植物在任意年限后的碳储存量及其每年的碳汇量。

4.3.2.2　直接减排

城乡蓝绿空间的直接碳排主要就是在建造运营阶段发生的。在前期生产、运输、建造的建设性过程中，需要考虑的评价指标包括种苗时使用的车辆类型、油耗、运输里程、所有耗能机械的类型、设备使用频率等。当数据难以获得时，此类建设性碳排可通过减少工程总量、运用当地材料减少运输排放以及运用碳排放系数低的材料来削减，因此各种消减量也可以反映其减排水平。

此后运营维护、拆除的养护性过程中，需考虑的指标有使用频率、运输车辆和耗能机械在维护过程中的消耗，以及灌溉、修剪、堆肥、施药、枯落物处置等过程中的碳排。同样的，养护性碳排水平可以借助绿地的养护成本来体现，但目前城乡蓝绿空间的建设管理普遍缺少对于实际发生的绿化养护成本的统计监管，可利用绿化养护预算数据来间接反映绿地的养护成本，从而估算绿地的养护性碳排水平（表4-2）。

表 4-2　城乡蓝绿空间生命周期建造运营阶段碳足迹评价清单

作用途径	过程	评价内容	评价指标
直接增汇	建造	碳储存	幼苗生物量
	运营维护	碳汇	树木碳汇量
直接减排	生产、运输、建造	材料生产	设备油耗
		挖树穴	挖掘机油耗
		土方处理	运输里程
		材料采购	运输里程
		种植	设备油耗
	运营维护、拆除	灌溉	耗水量
		修剪	设备油耗
		堆肥	化肥用量
		施药	农药用量
		枯落物处置	运输油耗

4.4　城乡蓝绿空间碳足迹环境影响评价

4.4.1　评价过程

生命周期影响评价是指根据评价清单对潜在环境影响的程度进行评价，即对城乡蓝绿空间各个生命周期阶段活动对碳排和碳汇的影响。一般说来，这一过程包括与碳足迹评价清单相关联的具体的碳汇碳排计算。评价过程中应注重生命周期评价的目标与范围，科学选择适合的数据与评价模型，这样便于认识这些影响，为蓝绿空间碳足迹结果分析阶段提供必要的信息。

此外，蓝绿空间的碳足迹影响评价应该是一个动态的、迭代的过程，其中包括定期回顾和评估生命周期评价的目标及其范围。这样的机制能确保评价活动与既定目标保持一致，并能够及时调整以应对任何未能实现的目标。如果原定的目标未能达成，就应重新审视并调整最初设定的目标和范围，以确保蓝绿空间碳足迹评估的连续性和适应性。评价中还应当综合考虑其他因素，如综合生态系统服务、城市发展需求、社会经济因素等，以全面评估城乡蓝绿空间生命周期碳足迹。

4.4.2 评价方法

城乡蓝绿空间碳足迹生命周期影响评价涉及碳足迹清单中列出的直接增汇、间接减排以及直接减排量的计算，要求依据评价目标和范围科学选择数据和评价模型，以确保获得准确的结果。

其定量认证研究是为之后的蓝绿空间碳足迹结果分析提供必要的信息基础，更是应对气候变化的碳管理和社会可持续发展的科技需求。通过对不同尺度上的蓝绿空间碳足迹定量评价，既可以为温室气体综合管理以及参与全球变化和碳减排的国际合作提供科学数据，又可以为城乡蓝绿空间生态系统恢复、生态保护以及减灾防灾提供科学依据，为蓝绿空间物质循环过程和能量流动的调控管理提供理论基础（于贵瑞 等，2013）。

4.4.2.1 直接增汇与间接减排

（1）宏观尺度

在宏观层面上进行的碳足迹环境影响评价，主要聚焦于城乡规划中蓝绿空间如城市森林、城乡绿地系统的碳汇量、碳储量、景观格局等对碳循环的贡献。

①从物质生产和净物质积累的视角出发，通常采用生态系统生产力作为碳汇能力的评估指标。长期的生态过程使得蓝绿空间系统积累了大量的碳储量，包括现存的植被生物量有机碳、枯落物有机碳和土壤有机碳储量。不同土地利用类型在碳固定和排放方面表现出不同的特性。通过评估土地利用类型间的转换关系，可以揭示大尺度碳循环中的固定与损失模式。

蓝绿空间碳汇量、碳储量的计算常用方法有软件模拟法、遥感反演法等。如李玉、谢军飞等人通过计算得到2002年北京市城市绿地乔木碳储量为52.99×10^4t，灌木为3.83×10^4t，分析得出从1990年开始，北京市城市绿地碳储量呈现出逐年上升的趋势（谢军飞 等，2007）；刘阳等使用朱文泉开发的改进CASA模型，模拟得到北京市2020年蓝绿空间植被净初级生产力（NEP）即CO_2净吸收量约为898.88×10^4t（Yang L et al.，2023）。

②在宏观的评价中还涉及利用景观格局分析、气候模型、情景模拟等方法预测未来城乡蓝绿空间碳足迹的响应。傅伯杰在研究中发现，景观格局与结构的变化会对碳循环的生态过程产生直接或间接的影响，进而影响生态系统服务能力（傅伯杰，2013）。将这些动态和相互作用考虑在内，对于制定有效的城乡蓝绿空间规划和管理策略，以及确保生态系统服务和功能的长期可持续性是至关重要的。

目前国内外常见的格局优化模拟模型包括Fragstats软件、CA-Markov模型、Logistic回归模型、CLUE-S模型、FLUS模型、系统动力学模型等（Ren Y et al.，2013）。基于景观格局分析，探讨了厦门城市森林的景观格局和碳储量之间的空间关系，提出了影响森林碳汇的景观格局指数，并构建估算模型。

（2）中观与微观尺度

城乡蓝绿空间设计阶段的碳足迹影响评价，涉及中观与微观两个尺度，专注于特定绿地斑块及其中的植物群落的精细化评估。

一方面，通过获取植物的生物量与植物生长数据，定量测算植被的固碳潜力，充分考虑生长速率、群落配置、树种特性等因素，深入分析绿地斑块及其内部植物群落的碳固定能力；另一方面，通过环境监测和气候模拟，评估蓝绿空间如何对周边城市环境产生积极影响，如降低热岛效应、提倡绿色出行等，从而降低能源消耗和相关的碳排放。

针对蓝绿空间斑块与植物群落尺度，常用的评价方法包括样地清查法、软件模拟法、遥感反演法、涡度相关法等。如杨士弘采用样地清查法对细叶榕、大叶榕、木棉、石栗、白兰、阴香、红花羊蹄甲、红花夹竹桃8个广州市内常见绿化树种的净光合强度、呼吸强度进行了测定，并计算和分析了其吸收CO_2和释放O_2的能力（杨士弘，1996）；刘志武等在研究中运用样地清查法与生物量法，根据植物光合作用方程式和我国在江西省对松树、杉树、阔叶树生物量的制氧量测定数据，测得166种植物的年均生长量（刘志武，2002）。

综上所述，通过采用宏观、中观、微观全面的评估方法（表4-3），蓝绿空间规划设计的碳足迹影响评价为制定精确有效的管理策略提供了强有力的支持。

表4-3 城乡蓝绿空间碳足迹评价方法

方法	计算方法/模型	所需数据	适用范围	优势	劣势
样地清查法	生物量转换因子法	蓄积量、生物量转换因子参数	宏观、微观	方法成熟、应用面广	空间有差异性，需测定不同地区、不同树种的转换因子等参数，大范围计算存在误差，清查资源不全面
	生物量法		微观	方法明确，技术简单，可信度高，参数研究较为全面	选取优质绿地，数据存在结果偏高、耗时耗力，不具有实时动态性
软件模拟法	InVEST	土地利用数据	宏观	操作简单，所需数据较少、结果可视化、适用范围广	空间数据不全，算法过程中进行一定简化，信息不全
	CASA模型	遥感影像数据、气象数据、生理生态参数等	宏观	快速、实时实现大范围碳循环等模拟	研究模型本身的复杂性和不确定性、驱动数据的多样性遥感数据的标准化，以及适用于大尺度模拟的局限性
	BEPS模型				
	Biome-BGC模型				
	Urban Footprint	地理信息系统、生成式模型	宏观、中观	进行城市规划、土地使用分析，评估不同规划方案的可行性，获得全面的碳排放数据	数据不足或不准确可能会影响结果的可靠性
	i-Tree	植被类型属性、植被数量或面积、植被周边环境等	中观、微观	操作便捷，针对不同乔木灌木，结果直观	数据库有待完善，本土使用参数有误差
	CITYgreen			操作简单、计算快速	不适用于灌木，缺乏本土数据库，需进行数据修正

（续）

方法	计算方法/模型	所需数据	适用范围	优势	劣势
软件模拟法	CA（Voronoi）	实地测量或使用遥感技术获取树木的准确位置	中观、微观	灵活准确地确定空间结构单元，比传统固定空间结构单元边数的方法更具有针对性，用于优化树种结构和种植模式	在处理具有复杂边界的区域时，可能无法完全准确地表示出边界对空间划分的影响
	G-footprint	Rhino+Grasshopper平台、风景园林信息模型		准确详细地对园林绿地碳足迹进行定量评价、预测和分析	关注人类活动对地球生态系统的当前影响，忽略生态系统的动态变化和恢复能力
遥感反演法	拟合方法（线型回归、机器学习等）构建拟合模型	多源遥感数据、碳汇实测数据	宏观、中观	具有实时动态性、可量化大范围碳汇时空变迁	参数多，模型较为复杂，处理困难，需进行城市绿地提取及分类，考虑高分、高光谱通感数据的应用
涡度相关法	计算气体数据与垂直风速脉动的协方差	通过精密仪器测量气体数据	中观	可获取直观、连续的数据，反映碳汇对气象因子的响应过程	设备昂贵，观测时间长，对环境因子要求高，实际操作难度大

4.4.2.2 直接减排

城乡蓝绿空间的建设和管理过程中，涉及生产、运输、建造、运营维护、拆除等多个周期，这些过程是蓝绿空间碳排放的最重要来源。能够系统准确地量化这部分的碳足迹，对于精确评估城乡蓝绿空间的固碳能力具有重要意义，从而有针对性地采取措施减少碳排放，提高碳汇能力。

城乡蓝绿空间直接碳排包括建造施工和运营、养护管理等。其中，建造施工通常只在初期发生，导致一次性的较大碳排放；相比之下，运营维护则是一个持续的排放源，如灌溉、修剪、施肥等活动。

通常计算化石能源使用过程中的碳排放量采用的评价方法如下（张颖，2022）：

①根据消耗燃料含碳量计算其碳排放系数，通常采用国际权威机构提供的排放因子缺省值，如《IPCC国家温室气体清单指南》；

②根据不同国家或地区燃烧技术，用特定国家或地区的排放系数替换缺省值，在计算时更能反映数据的真实性；

③细化到具体的能源加工厂，利用特定设备的能源使用效率和控制条件等来确定排放系数，这种方法精度高，计算过程更复杂，难度也更大。

利用这些方法，殷利华通过实地研究武汉光谷大道隙地绿化施工项目，估算了其平均碳消耗为18.61tC/hm^2（殷利华，2012）；张颖在广州市的研究中，针对7个典型城乡蓝绿空间，计算得出其在建造施工阶段和管理养护阶段的碳排放量分别为0.63~1.78kgC/（m^2·a）和0.01~0.71kgC/（m^2·a），并且推算出其排放量有持续增加的可能（张颖，2013）；Jo H K（2002）计算了韩国中部3个城市每年的蓝绿空间管理养护碳排放量为37.0~264.9tC/（hm²·a）。

4.5 城乡蓝绿空间碳足迹评价结果解析

生命周期评价的解释阶段，包括重大问题识别、结果解释、提出建议并生成报告。在这个阶段，将碳足迹评估的结果与城乡蓝绿空间的规划设计及建造运营紧密结合。通过融合城乡蓝绿空间规划的理论与方法，明确了评估结果在指导城乡蓝绿空间规划和管理方面的重要性，目的是促进碳汇的增加和碳排放的减少，进而实现可持续发展的目标。

4.5.1 规划设计阶段

城乡蓝绿空间系统内部各组成要素间相对稳定的联系方式、组织秩序与时空表现形式，是蓝绿空间规划的整体框架把握，决定了蓝绿空间系统的空间形态、功能发挥以及蓝绿空间的性质与分布。因此，规划设计阶段核心是从布局的角度诠释城乡蓝绿空间增汇减排的低碳功能，关键在于通过生态科学的蓝绿空间排布，健全蓝绿空间系统的自然生态，提升其自身增汇减排能力。此外，多尺度评价结果解析与多尺度评价目标范围契合，才能够准确直接地完成重大问题识别与策略优化。

（1）宏观尺度下的多目标布局优化

在城乡蓝绿空间宏观尺度评价结果优化方法中，受到城乡复杂用地的限制，需要通过多目标导向的空间布局，来实现蓝绿空间碳汇效率的最大限度提升。

"三源绿地"空间布局模式是优化蓝绿空间增汇减排的有效手段。具体是指在蓝绿空间分布中，将氧源绿地、近源绿地与碳源绿地3种低碳布局模式结合起来，形成具有低碳功能的空间布局模式。其中氧源绿地模式是指主要为城乡碳源提供释氧固碳、滞尘等功能的大型绿地分布模式，主要分布在城市中心区周边，处于上风向且面积较大，植被种类多为乔灌木；碳源绿地为吸收城乡郊区碳源的碳汇绿地，指在靠近碳排放较大的功能区周边分布固碳能力强的植被的布局模式，通常紧邻城乡功能区，处于下风向且分散布置；近源绿地模式主要指分布在城乡建成区范围内，采取点状—带状相结合的方式布置绿地的模式，其分布特点是"大范围分散，小范围集聚"，规模大小依照城市中心区变化而变化（徐婷婷，2018）。在城乡外围布置大面积氧源绿地与碳源绿地，各类型碳源空间之间布置不同程度的近源绿地，碳源碳汇空间相互结合，通过协调蓝绿空间布局与城市其他系统的关系，削减蓝绿空间系统外部碳排放，共建低碳城乡蓝绿空间（图4-9）。

考虑到不同植被覆盖类型的固碳能力差异，各类城乡蓝绿空间所能够产生的碳汇量也略有不同。在能源碳排量较高的地区优先布置碳汇能力强的植被，可以在一定规模限制下有针对性地优化蓝绿空间碳汇效率，同时抑制碳排放量高的区域影响整个大气环境，为城市碳汇碳排平衡的实现做出基础贡献。

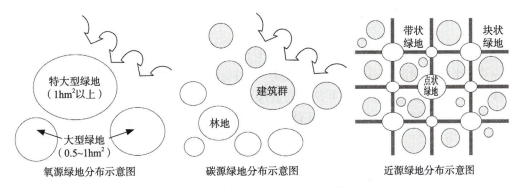

图4-9 "三源绿地"空间布局模式示意图(王永华和高含笑,2020)

(2)中观尺度下的综合服务提升

城乡蓝绿空间斑块类型是多样的,因此在设计中,细致地考虑各类型空间的功能划分显得尤为关键。这涉及对蓝绿空间水体、植被、建筑物等组成要素的设计与布局。因此,中观尺度下的评价结果解析与优化应用,首先应在明确绿地斑块定位特征与建设目标的基础上进行,借助于对碳汇潜力的预测,选取能够最大化碳汇效益的方案。

在选择植物配置方案时,应优先考虑乡土植物和高适应性物种,不仅能增强生物多样性、提升生态系统的碳储存能力,还能有效降低维护成本,减少灌溉及养护过程中的碳排放。合理调整水域与绿地的比例,如创建湿地和雨水花园,不仅能降低城市洪水风险,还能减少对高能耗人工排水系统的依赖。通过水体和绿地的合理配置和紧密联系,形成斑块内外有机结合的蓝绿空间系统,能够在增汇减排效益提升的基础上,进一步提高蓝绿空间配置在城乡风貌中的贡献率,增强社会经济的发展(段晓梅,2017)。另外,通过设立教育展区、举办工作坊和志愿活动等形式,能够有效提升公众对于低碳生活方式和碳汇的重要性的理解,鼓励社区居民参与蓝绿空间的维护与减排活动。

(3)微观尺度下的精细化植物配置

基于精细量化的生命周期碳足迹评价结果,在微观尺度,更多关注植物群落及单个植株的性能提升与优化策略。优先考虑具有显著碳汇能力的树种,根据植物的生长速率、生物量积累能力和生命周期长短选择固碳潜力高的植被类型。此外,增加乡土植物比例可以进一步加强这一效果。种植乔、灌、草多层次类型植被,结合各种立地条件,构建结构多层次、功能多样的植物群落,增加生态系统内部的多样性,不仅能够创造出丰富的景观类型,还能够显著提升生态系统的稳定性和韧性,从而在长期内维持高效的碳吸存功能。

通过植物的多样性和结构优化,能够支持更广泛的生态目标实现,包括生物多样性的保护、生态系统服务的增强,以及提升蓝绿空间的美学和休闲价值,通过综合考虑植物的选择和配置,可以有效地将碳减排目标与生态保护、社会福祉紧密结合,实现城乡蓝绿空间的可持续发展。

4.5.2 建造运营阶段

对于建造运营阶段评价结果的解释，在全面了解城乡蓝绿空间现状和生态环境情况的基础上，需对所取得的资料进行核实、分别整理，应如实反映蓝绿空间建设水平和绿化状况，识别重大问题，并剖析与蓝绿空间建设发展相关的各方面因素条件的利弊，根据蓝绿空间碳足迹评价结果对实施方案进行综合论证，并提出优化调整建议（李巍 等，2018）。

在碳排放方面，城乡蓝绿空间建造运营阶段通常表现为中高水平，特别是与农林业相比。尤其是城乡蓝绿空间的管养具有长期性，建造与运营工作在保证绿地与水体生态效益的同时，也造成了一定的负面影响，造成持续性的资源能源消耗与污染物排放。

为了建设生态型、低碳型的城乡蓝绿空间，需要使建造运营的方式更加合理化，减少碳排负担和运营投入。建设低养护型蓝绿空间，即通过简化运维工作来减少人力、物力和财力的需求，从而降低碳排、实现资源的高效利用。此外，提高工作人员的环保意识、采用合理的灌溉方式、优先使用落叶制成的有机肥料而非化肥，以及在防治病虫害时倾向于使用无害化农药、生物性农药或物理方法，都是构建低维护景观、促进蓝绿空间增汇减排的有效策略。

思考题

1. 在城乡蓝绿空间中，碳元素的循环包括哪些内容？
2. 如何区分直接增汇、间接减排、直接减排3种碳作用途径？
3. 城乡蓝绿空间碳足迹环境影响评价中常用的方法有哪些？

拓展阅读

城市绿地和绿化的低碳化建设规划指南 建筑设计.骆天庆.中国建筑工业出版社，2015.

参考文献

段晓梅，2017.城乡绿地系统规划[M].北京：中国农业大学出版社.

傅伯杰，2013.生态系统服务与生态安全[M].北京：高等教育出版社.

韩笋生，2014.低碳空间规划与可持续发展：基于北京居民碳排放调查的研究[M].北京：中国人民大学出版社.

何晶，2017.基于全生命周期的城市绿地乔木群落碳收支研究[D].武汉：华中农业大学.

李巍，邓明翔，2018. 战略环境评价中碳足迹评估理论、方法及应用[M]. 北京：科学出版社.

李振基，陈小麟，郑海雷，2014. 生态学[M]. 4版. 北京：科学出版社.

刘洋，2019. 基于LCA方法的城市绿地群落结构对管养环境影响的研究[D]. 郑州：河南农业大学.

刘志武，2002. 广州岭南花园住宅区生态绿地规划的研究[M]. 广州：华南理工大学出版社.

骆天庆，2015. 城市绿地和绿化的低碳化建设规划指南[M]. 北京：中国建筑工业出版社.

王建，2010. 现代自然地理学[M]. 北京：高等教育出版社.

王婧，2015. 中国村镇低成本能源系统生命周期评价及指标体系研究[M]. 上海：上海财经大学出版社.

王敏，宋昊洋，2022. 影响碳中和的城市绿地空间特征与精细化管控实施框架[J]. 风景园林，29（5）：17-23.

王永华，高含笑，2020. 城市绿地碳汇研究进展[J]. 湖北林业科技，49（4）：69-76.

王云才，2014. 景观生态规划原理[M]. 北京：中国建筑工业出版社.

谢军飞，李玉娥，李延明，等，2007. 北京城市园林树木碳贮量与固碳量研究[J]. 中国生态农业学报，15（3）：5-7.

徐婷婷，2018. 基于碳源碳汇分布的城市空间低碳布局优化研究[D]. 沈阳：沈阳建筑大学.

杨士弘，1996. 城市绿化树木碳氧平衡效应研究[J]. 城市环境与城市生态，9（1）：3.

叶兴平，张泉，周文，等，2017. 低碳生态城乡规划技术方法进展与实践[M]. 北京：中国建筑工业出版社.

于贵瑞，何念鹏，王秋凤，2013. 中国生态系统碳收支及碳汇功能：理论基础与综合评估[M]. 北京：科学出版社.

张浪，徐英，2016. 绿地生态技术导论[M]. 北京：中国建筑工业出版社.

张颖，2022. 基于生命周期法的城市绿地优势种碳收支研究[D]. 天津：天津师范大学.

张颖，2013. 广州典型城市绿地碳足迹核算和评估研究[D]. 武汉：华中农业大学.

张志强，曲建升，王立伟，等，2015. 碳足迹分析：概念，方法，实施与案例研究[M]. 北京：科学出版社.

赵荣钦，2012. 城市系统碳循环及土地调控研究[M]. 南京：南京大学出版社.

郑秀君，胡彬，2013. 我国生命周期评价（LCA）文献综述及国外最新研究进展[J]. 科技进步与对策，30（6）：155-160.

CHURKINA G, 2008. Modeling the carbon cycle of urban systems[J]. ecological modelling, 216（2）: 107-113.

JO H K, 2002. Impacts of urban greenspace on offsetting carbon emissions for middle Korea[J]. Journal of environmental management, 64（2）: 115-126.

MCPHERSON E G, KENDALL A, ALBERS S, 2015. Life cycle assessment of carbon dioxide for different arboricultural practices in Los Angeles, CA[J]. Urban Forestry & Urban Greening, 14（2）: 388-397.

MCPHERSON E G, KENDALL A, 2014. A life cycle carbon dioxide inventory of the Million Trees Los Angeles program[J]. The international journal of life cycle assessment, 19（9）: 1653-1665.

Ren Y, Wei X, Wang D, et al., 2013. Linking landscape patterns with ecological functions: a case study examining the interaction between landscape heterogeneity and carbon stock of urban forests in Xiamen,

China[J]. Forest Ecology and Management,293:122-131.

STROHBACH M W,ARNOLD E,HAASE D,2012. The carbon footprint of urban green space—A life cycle approach[J]. Landscape and Urban Planning,104(2):220-229.

Yang L,Chuyu X,Xiaoyang O,et al.,2023. Quantitative structure and spatial pattern optimization of urban green space from the perspective of carbon balance:A case study in Beijing,China[J]. Ecological Indicators,148:110034.

Zhang Y,Meng W,Yun H,et al.,2022. Is urban green space a carbon sink or source?—A case study of China based on LCA method[J]. Environmental Impact Assessment Review,94:106766.

第5章 城乡蓝绿空间规划碳足迹评价与应用

> **学习重点**
>
> 1. 了解面向城乡蓝绿空间规划碳足迹评价的意义及原理；
> 2. 明确面向城乡蓝绿空间规划碳足迹评价方法及模型；
> 3. 了解城乡蓝绿空间固碳增汇规划途径。

城乡蓝绿空间规划中，通过评估和优化蓝绿空间布局，有助于提高城乡生态系统的碳汇能力，实现绿色低碳城市的建设。本章介绍了规划尺度下城乡蓝绿空间碳足迹评价的目标、内容、方法及应用案例，分析城乡蓝绿空间增汇减排的影响机制，介绍规划尺度下常用的研究方法、模型以及基本数据，并以成都和北京为例讲解应用方法。

5.1 城乡蓝绿空间规划与碳足迹评价

5.1.1 城乡蓝绿空间规划碳足迹评价的重要意义

（1）提升城市应对气候变化韧性

城市碳过程是区域和全球碳循环的重要环节，城市化过程必然会对全球碳循环及气候变化产生深远影响。城市作为人口和活动的集中地，其在全球气候变化中扮演着关键角色。全球气候变化对人类社会产生一系列的影响，需要人类社会采取适应性方法应对，如减排温室气体等，以减缓其对人类社会的影响。城乡蓝绿空间规划通过整合创新技术、政策和规划方法，可以有效地减少温室气体排放，提高城市对气候变化的适应能力。通过优化城市结构和功能，增强蓝绿基础设施，使城市能够在减缓气候变化的同时，增强对极端气候事件的抵抗力，提升居民的生活质量。这种规划不仅对城市自身的可持续发展至关重要，也是全球应对气候变化战略的重要组成部分。

（2）增强城市生态系统碳汇能力

城市生态系统的碳汇能力是衡量城市能够吸收和固定大气中CO_2量的指标。通过有效的蓝绿空间规划，城市可以增加其碳汇能力，从而对抗气候变化，具体措施包括增加城市绿地、改善水体管理和提升植物群落质量。这些措施不仅有助于碳固定，还能提升城市的生态质量和居民的福祉。

（3）促进城市绿色低碳转型发展

2021年，中央经济工作会议提出"要正确认识和把握碳达峰碳中和。实现碳达峰碳中和是推动高质量发展的内在要求，要坚定不移推进，但不可能毕其功于一役"。把碳达峰、碳中和纳入生态文明建设整体布局和经济社会发展全局，进一步丰富了生态文明建设的内涵要求。城市是人类能源活动的集中地，降低城市碳排放强度、提高城市能源使用效率、促进城市绿色低碳转型是实现高质量可持续发展的重中之重。

5.1.2 城市系统碳循环基本原理

5.1.2.1 城市系统碳收支生命周期

对城市系统而言，各种途径的碳储量和碳通量具有一定的生命周期，碳在城市系统中流通、存储的过程和周期不同，会对城市碳循环和碳流通过程产生不同的影响。

（1）城市系统中的碳储存方式和周期各不相同

水体碳储存 具有最长的碳储存周期，藻类和水生生物死后沉积成底泥，形成稳定的碳库，需要漫长的地质时间才会释放碳。

土壤碳库 相对稳定，尽管土壤呼吸作用会释放碳，但枯枝落叶等会补充土壤碳库，使其保持一定水平。

城市植被 碳储存周期较短，一般为几十年，主要与林木的砍伐更新周期相关。

建筑木材 存储周期与建筑物使用寿命相关，通常也是几十年，有时更短。

家具和图书 碳储存周期较短，主要取决于使用年限。

人体碳库 较为稳定，有较长的存储时间。

动物体（畜牧业） 碳库存储时间较短，一般几个月到几年，之后会被消费释放。

食物 储存周期最短，通常仅数天。

（2）城市系统中的碳通量生命周期的主要类别

食物消费型 碳通量周期最短，食物进入城市后很快被消费并释放，因为食物保鲜期限制了其存储时间。

碳储存型 通过植物光合作用和水体吸收等途径将碳固定下来，这些碳在系统中长期储存。

工业生产型 用于工业生产的原料和能源，碳存储时间较短，一部分在生产和能源消耗中被快速释放，另一部分可能作为产品输出。

建筑材料型 如水泥和建筑木材，这些材料被用于建筑物，成为城市人造碳库的一部分。

废弃物排放型 工业和生活废弃物，通过燃烧或其他方式排出系统。

城市中的人造碳库（如建筑木材、图书和家具）虽然对区域尺度的碳循环有一定影响，但与自然碳库（如水体和土壤）相比，其存储周期普遍较短。对于城市碳管理，应该关注和控制碳存储时间短周转速度快的碳通量（如工业生产型和食物消费型），以提高城市碳循环的效率，同时，应促进自然和人造城市碳储存，以增强城市对全球变化的适应能力（图5-1）。

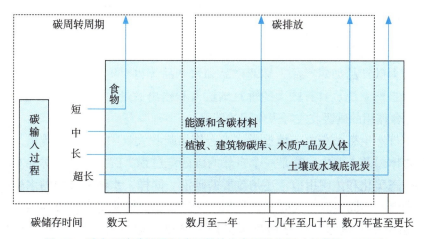

图 5-1　城市系统碳储量和碳通量的生命周期分析（赵荣钦，2013）

5.1.2.2　城市系统碳循环框架

为便于将城市系统划分与土地利用相结合，可以将城市系统分为城市自然生态系统和城市社会经济系统。

城市自然生态系统 是指城市区域内的自然环境及其组成部分，包括水体、农田、林地、草地和城市绿地等子系统。

城市社会经济系统 是指城市内的经济活动及其相关组成部分，包括工业生产系统、交通运输系统、居住系统、商业系统和办公系统等。

城市系统碳通量分为碳输入通量和碳输出通量两大类，两者又可再分为水平通量和垂直通量。水平碳通量和垂直碳通量的主要区别一方面在于其方向的不同，另一方面碳流通的形式和载体也有所差别。

垂直碳输入 是指通过植物的光合作用吸收的碳和水体中发生的碳沉降（碳固定）过程。

水平碳输入 包括除了垂直碳输入以外的所有其他形式的碳输入，主要以碳水化合物的形式流通，来源于外部系统的能源、食物和原材料等。

垂直碳输出 垂直碳输出通量分为两种，即自然垂直碳输出（包括植被呼吸、土壤呼吸、人类和动物呼吸作用及水域碳挥发等）和人为垂直碳输出（包括化石燃料燃烧、工业生产、农业活动等的碳释放）。

水平碳输出 水平碳输出通量主要以有机碳的流通为主，指的是能源产品、含碳产品和废弃物的输出，以及地下排水管网中的碳输出和迁移。

(1) 城市自然生态系统

城市自然生态系统可以细分为水体、农田、林地、草地和城市绿地等子系统类型，碳库主要包括植被、土壤和水体碳库3个部分。城市自然系统是城市运行的基础和前提，在未受人为干扰的前提下，城市自然系统具有自身的规律和运行机制，其碳循环过程主要服从自然界的生物地球化学循环的规律，碳循环特点主要受制于城市所在地的自然环境特征。在人为活动影响下，城市自然系统的碳循环过程会受到一定的干扰。各自然子系统除了生物地球化学循环之外，一方面接受外部系统能源的碳输入；另一方面也接受工业生产系统的碳输入，同时也有来自社会经济系统的碳输入，城市自然系统的部分含碳产品如农产品、林业产品和水产品等也会输入城市社会经济系统中。此外，城市自然系统也具有较大的垂直碳输入和输出通量，表现为城市植被、土壤、水域等的光合作用的碳吸收或呼吸作用的碳释放。

在城市自然生态系统中，植被通过光合作用吸收大气中的CO_2，转化为有机碳并储存在植物体内及土壤中，这是一个自然的碳固定过程。例如，城市林地和城市绿地不仅提供生态美化和休闲用地，还是重要的碳汇。同样，水体系统中的水生植物和藻类也通过光合作用固定碳，同时水体的碳循环过程也能影响整个城市的碳平衡。城市自然生态系统中的蓝绿空间是城市碳循环的基础，通过其自然的生物地球化学循环过程，不仅支持城市的生态功能，还提供了重要的碳汇功能。有效管理和保护这些自然空间，不仅能维持其固碳能力，还能帮助城市应对气候变化，实现可持续发展目标。

(2) 城市社会经济系统

城市社会经济系统的碳库包括城市建筑物、人体和动物、图书和家具等，可以分为工业生产系统、交通运输系统、居住系统、商业系统和办公系统等（图5-2）。该系统一方面接受外部系统的大量能源、食物、原料和木材等含碳物质的输入；另一方面接受自然系统含碳产品的输入，同时也有部分含碳产品输出到系统之外。另外，城市社会经济系统也具有较大的垂直碳输出，主要表现为各种途径的人为碳排放，但城市社会经济系统不存在人为垂直碳输入过程。工业生产系统和交通运输系统主要承担城市系统内部消费产品和输出产品的生产和运输，主要的碳输入是能源和原材料，主要的碳输出为各种工业产品、废弃物和化石燃料燃烧。同时，有很大一部分碳输送到其他消费子系统，如食物、含碳产品等。该模块是城市系统内部物质流通规模最大的子系统，是城市系统碳循环过程的主导环节。商业、居住和办公子系统的主要功能是消费、居住等，碳输入以生活能源、食物和含碳产品（如木材、家具和图书等）为主，碳输出以含碳产品、CO_2排放、废弃物和地下排水系统的溶解碳输出为主。该模块的碳输入一部分来源于城市系统外部，如食物和能源；另一部分来自生产模块，如工业产品和能源制成品、家具等。

在城市社会经济系统中，蓝绿空间的固碳作用与各个子系统之间紧密相连，形成

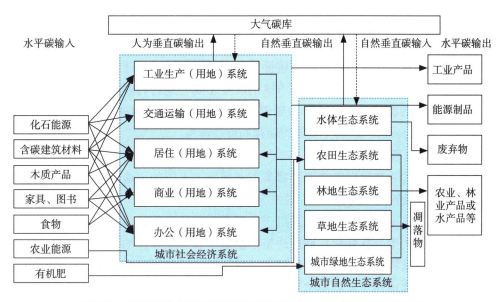

图 5-2　城市系统碳循环的系统框架示意图（改绘自赵荣钦，2015）

一个综合的碳管理网络。这些空间不仅作为城市的生态基础设施减少工业生产和交通运输的碳排放，还通过改善空气质量和吸收污染物来间接降低这些系统的碳足迹。在居住区、商业中心和办公区，蓝绿空间通过降低建筑物的冷却需求，减少能源消耗和相关的碳排放，同时提供心理和身体的健康益处，增加区域吸引力并促进经济发展。这些空间不仅帮助城市平衡碳循环，还减少了对外部碳排放补偿措施的依赖，提升城市自身的碳中和能力。通过优化蓝绿空间的设计和管理，可以最大化其固碳潜力，支持城市社会经济系统的低碳转型，是实现城市绿色低碳发展的关键因素之一。

5.1.2.3　土地利用变化对城市碳循环的影响

土地利用是城市各种人类活动的直接体现和反映。城市社会经济活动复杂多样，不同土地利用方式在社会生产、生活、生态效应等方面承担的作用不同，因此，不同土地利用方式的碳过程明显不同，碳储量及碳通量的强度、方向和规模也存在差异。有些土地利用方式主要表现为碳源，如居住用地和交通用地；而另一些土地利用方式则主要表现为碳汇，如林地、草地和水域等。因此，了解城市系统不同土地利用方式碳循环过程及其特征的差异，并将碳储量和碳通量分解落实到不同的土地利用方式上，对于进一步研究城市系统碳循环过程对土地利用变化的响应具有重要意义。

可以将土地利用方式分为碳源和碳汇两种。其中，属于碳源或具有碳源效应的土地利用类型主要有：交通运输用地等建设用地，这些地类的碳源包括建设用地上的能源消费、社会生产和交通运输等的碳排放，以及农、林业人类活动造成的碳排放等；属于碳汇或具有碳汇效应的土地利用类型有：耕地、园地、林地、湿地和城市绿地等，这些地类的碳汇主要是指植被光合作用的碳吸收或水体自然过程的碳沉降。

土地利用变化对城市系统的碳循环产生重要影响，可以从自然碳过程和人为碳过程两个方面来理解：

（1）自然碳过程

由土地利用变化对城市系统自然碳循环过程的影响通过碳储量变化和土壤呼吸速率两个层面来实现，其中，土地利用方式的改变（如林地转为农田或建设用地）直接影响土壤和植被的碳储量，通常导致碳储量的减少。土地利用的变化（如耕作增加）加速土壤有机质的分解，影响土壤碳的储存和释放速率。

（2）人为碳过程

土地利用方式的变化影响能源消费类型和强度，不同的用地方式（如居民区、交通、工矿和商业服务地）具有不同的碳排放强度。

因此，不同的土地利用模式及其组合格局会改变城市碳循环、碳通量的规模和强度。同时，土地利用及其变化在城市政策的制定中起着先导性的作用，许多调控政策的落实，如产业结构调整、区域发展模式、城市功能区的规划和布局以及生态保护战略等，都要最终体现在土地利用结构和强度的变化上，土地利用方式的变化和调整是大部分城市政策的直接体现与落脚点。因此，开展城市系统碳循环的土地调控研究，从土地利用层面评估城市系统碳循环的效率，有助于从国土空间层面出发引导城市的绿色低碳发展。

城市人口众多，社会经济活动剧烈，对环境产生了较为深刻的影响，而人类的一切活动都会在土地上进行、通过土地来实现，土地利用结构作为社会经济发展和环境保护在空间上的投影，能够直接或间接地在空间上反映出社会经济发展程度、阶段和水平。因此，在研究和探索城市化进程中也应研究区域土地的利用变化与碳排、碳汇之间的关系。例如，如何通过转变土地利用方式、优化土地利用格局来降低其碳排放量，实现区域碳减，既有助于土地资源与环境的保护，又能够保障社会经济的可持续发展。研究表明，土地覆被变化是引起碳排放、碳吸收量变化的主要动因，由城市化引发的建设用地快速扩张以及与耕地、林地、草地等土地类型间的转换是导致碳源碳汇变化的重要原因，将碳源碳汇与相应的土地利用类型相结合，对其空间格局变化进行分析，并通过科学方法优化蓝绿空间布局，将有助于从土地利用规划、国土开发等领域引导城乡绿色的低碳发展。

合理的蓝绿空间布局以及土地利用关系有利于提高碳汇效率，增强空气流动，有效改善微气候，降低城市环境维持的能耗。由于不同类型的绿地类型如公园绿地、道路绿地等在不同条件下碳汇效益存在差异，设计师需要合理安排不同绿地的布局和连接关系，从而发挥更显著的碳汇功能。此外，不同地区蓝绿空间的组成部分不同，但它们在服务功能和空间分布上具有很强的相关性和互补性。有研究发现，蓝绿相互作用可以促进城市增汇减排，如湿地生态系统、"河流-河漫滩"和"湖-岸"系统。

5.1.2.4 规划尺度下的城乡蓝绿空间碳收支基本过程

城乡蓝绿空间的碳收支状况受植物光合特性、种类组成结构、生态系统空间格局、土地利用方式等多种因素的共同影响，其碳循环特征、时间和空间格局、生态系统碳收支状况及其源汇关系，主要由植物光合作用与生产力形成过程，植物自养呼吸、动物与微生物异养呼吸的CO_2释放过程，植物凋落物分解与有机质腐殖质化过程，生态系统有机质输入与输出过程的综合作用决定。植物在通过光合作用吸收CO_2实现固碳过程的同时，也在通过呼吸作用释放CO_2，当碳吸收大于碳排放才表现为碳汇，如果碳排放大于碳吸收则表现为碳源，可以从以下指标获得植物固碳能力。

生态系统生产力（ecosystem productivity） 是指生态系统单位空间内的生产者在一定时间内积累的有机物的量，又称生态系统的生物生产能力。生态系统生产力分为初级生产力和次级生产力，初级生产力为生产者生产有机质或积累能量的能力，次级生产力为消费者和还原者利用初级生产产物构建自身物质或能量的能力。根据代谢过程的不同，生态系统初级生产力又可分为总初级生产力和净初级生产力。

总初级生产力（gross primary productivity，GPP） 是指一定时间内植物通过光合作用所固定的有机碳量，又称总第一性生产力。总初级生产力是陆地生态系统碳循环中反映碳输入的重要生态过程，它决定了进入生态系统的初始物质和能量。全球范围内不同生态系统的GPP存在显著差异，这种差异主要由叶面积和生长季长度决定，但同时也取决于气候、植被、土壤资源及干扰状况等因素之间的相互作用。监测区域尺度GPP的时空变化是准确评估生态系统碳收支的前提，也是实现生态系统可持续管理的基础。

净初级生产力（net primary productivity，NPP） 是指植物光合作用固定的能量中，扣除植物呼吸作用消耗掉的部分，剩下的可用于植物的生长和生殖的能量，是生态系统中其他生物成员生存和繁衍的物质基础。总初级生产力可通过计算植物通过光合作用从大气中吸收CO_2所固定的有机碳量得出，但是要想算出植物的碳汇值，还需要减去碳排放的量。因此，净初级生产力由总初级生产力减去植物地上部分和地下根系呼吸消耗的部分获得。

净生态系统生产力（net ecosystem productivity，NEP） 一般指净初级生产力中减去异养生物（土壤）的呼吸作用所消耗的光合作用产物之后的部分，即生态系统净初级生产力与异氧呼吸（土壤及凋落物）之差。植物生长在土壤上，作为一个完整的生态系统，还应减去土壤微生物异养呼吸消耗量。因此，净生态系统生产力表征了陆地与大气之间的净碳通量或碳储量的变化速率。

净生物群区生产力（net biome productivity，NBP） 是指净生态系统生产力减去各类自然和人为干扰（如火灾、病虫害、采伐和收获等）等非生物呼吸消耗所剩下的部分，表征区域内植被总固碳量。主要反映生物群区尺度上通过光合作用固定的能量与自然或者人为因素导致的能量损失之间的平衡。其中，导致能量损失的自然途径主要包括呼吸、淋溶、挥发性有机碳和CH_4的排放、碳的横向转移以及火灾、病虫害、动物啃食等，而人为途径则主要包括森林间伐、农林产品收获等。净生物群区生产力是净生态系统生产力在更大空间尺度上的整合，是评价陆地生态系统碳源汇的重要指标。净生物群区生产力数值变化于正负值之间，正值表明生态系统为碳汇，负值则表征碳源。由于考虑了被火灾、作物收获等干扰转移的碳以及与侵蚀、沉降相关的碳，净生

物群区生产力能更加准确地表征区域尺度上的生态系统碳平衡。

5.1.3 规划编制框架与碳足迹评价

在双碳目标的战略背景下，城乡蓝绿空间规划是以高碳汇、低碳排为特征的城乡生态空间专项规划形式，基于全生命周期碳足迹评价，在满足城市绿地功能的前提下，以绿地的规划设计、施工建造、管理维护、日常使用和更新回收的整个生命过程为考量周期，从降低能源消耗、提高能源效率、增强碳汇功能入手，最大限度地降低每一个环节所需的碳成本及碳排放，以提升城市绿地的低碳功能，实现城市绿地和绿化的低碳化建设。

规划是建设发展的先导，通过绿地指标调控、布局优化、类型创新和种植方案改良，可以将一系列增汇减排绿地建设模式和技术融入规划中，并进一步借助政府的调控政策和相关各方的建设行为落实到建设实践中，促进城乡蓝绿空间的低碳建设发展（图5-3）。

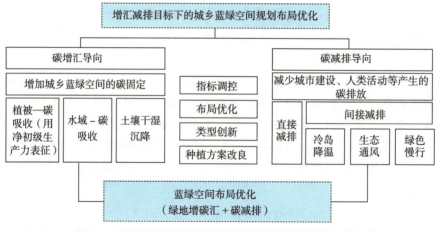

图 5-3 增汇减排目标下的城乡蓝绿空间规划流程示意图

增汇减排目标下的城乡蓝绿空间规划的一般做法，是基于城市系统碳循环、土地调控理论框架、城乡蓝绿空间碳收支基本过程和方法体系，开展城乡蓝绿空间碳吸收和碳排放（直接、间接）的定量研究，分析评价不同城乡蓝绿空间布局、面积和功能情景下的碳储量和碳通量状况以及土地利用变化的碳排放效应，最后优化形成基于增汇减排能力提升的城乡蓝绿空间布局。

基于生命周期评价方法界定规划阶段的目标范围，空间边界一般指规划范围或研究范围，时间边界是指规划的现状时间节点和规划末期，或者研究的时间序列。评价清单编制较常使用的方法是基于蓝绿空间的生产力形成过程，使用植被净初级生产力估算潜在碳汇量。基于IPCC指南及相关类型碳排放计算方法等碳排放计算方法，获得规划或研究范围内的碳排放量。通过CASA模型、InVEST模型等碳储存和封存模型，评估得出目标范围内规划现状和末期等时间点，不同蓝绿空间规划情景下的碳通量，即环境影响评价。最终，根据评价结果、现状和规划用地条件，综合考量目标范围内的生态和社会经济发展目标，形成蓝绿空间布局优化方案和相关固碳增汇策略，指导规划期内的蓝绿空间建设管理。

5.2 面向规划的蓝绿空间碳足迹评价

5.2.1 评价目标

城市是实现"双碳"目标的重要阵地，城市空间结构、土地利用、交通模式、蓝绿空间质量对于低碳绿色发展有着重要影响。城乡蓝绿空间是城市发展过程中留下或新增的绿色和蓝色空间的总和，在城市生态系统中发挥着关键作用。它包括水域和全自然、半自然和人工绿地。城乡蓝绿空间是一个复杂的生态系统，具有多种生态效应，如雨洪管理、缓解城市热岛效应、加强碳汇。作为城市中稀缺的自然资源，城乡蓝绿空间被认为具有突出碳汇潜力，能增加碳汇效能，在城市碳减排中发挥重要作用。其碳足迹评价目标主要聚焦以下几个方面：

减少碳排放　以"双碳"目标为指导，将城乡蓝绿系统碳排放量控制在最低标准，更加有效地增加植物、水体的碳汇能力。需要准确了解、识别并最小化城乡蓝绿空间规划活动中的碳排放源与碳排放量，从源头上减少碳排放。同时识别规划中的碳减排潜力，通过对不同规划方案的碳排放情况进行比较和分析，找出规划中的高碳排放环节和原因，进而提出针对性的碳减排措施。例如，通过规划紧凑型城市和慢行城市，优化慢行路线的可识别性、普及性和安全性，提升慢行出行率，从而降低居民出行碳排放。

提升碳汇效率　通过评价城乡蓝绿空间规划阶段的碳足迹，涉及规划、设计不同绿地的布局和连接关系，以发挥显著的碳汇功能，可以帮助规划者优化规划方案减少不必要的碳排放，提高资源利用效率。通过不断优化规划方案，实现碳汇效率的提升，推动城乡蓝绿空间的可持续发展。

碳足迹评价指导下的城乡蓝绿空间规划目标旨在通过优化空间布局，建立高碳汇效率、低碳排放的城市生态系统，同时满足城乡居民对户外休闲、卫生、安全保障和城市景观的需求，确保城乡蓝绿空间规划在碳排放方面长期的可持续性，使城乡蓝绿空间发展与碳排放减少相结合，实现生态、经济和社会的可持续发展。

当前，国内外诸多城市都在积极探索低碳城市的规划方法与实践应用。例如，《上海市新城规划建设导则》强调绿地低碳城市建设，实现碳中和，这种低碳城市的建设除了需要节能减排、植树造林等形式，还需要蓝绿交织、开放贯通的"大生态"格局。此外，相关国际组织也肯定蓝绿空间的生态效益。例如，欧盟委员会认为蓝绿空间可以增强城市抵御极端灾害的能力，并可以为可持续城市发展提供多功能方法；一些学者评估了城市地区蓝绿空间的协同效益，将其作为改善自然资源管理和生态系统功能的适应策略。

5.2.2 方法原理

5.2.2.1 城乡蓝绿空间固碳增汇的生态过程调控

碳排碳汇的时空格局、碳收支情况、源汇关系及其中的植物类型等方面，与规划尺度下城乡蓝绿空间碳收支调控密切相关，合理的规划和管理措施是城乡蓝绿空间碳汇效能长期性和稳定性的保证。从微观到宏观的生态过程调控包括优化植物物种组成、调控植物生产力、优化蓝绿空间格局3种方式。

优化植被组成和结构，提升碳捕获能力的"开源途径" 通过优化植被类型和植物群落配置，调控植物种群的组成、结构和演化动态，改善植物生境，增加植物种群光合能力，提高生态系统光合能力水平，增加碳输入水平，从而最大化地实现碳捕获。

提高城乡蓝绿空间净光合生产力，降低温室气体排放速率的"节流途径" 通过控制植物的自养呼吸、动物和微生物的异养呼吸，调控凋落物分解与腐殖质化过程及生态系统有机质碳输入与输出平衡关系等技术措施，有效地降低各种途径的碳排放，从而实现生态系统碳蓄功能的最大化。

优化土地利用和生态系统的增汇减排过程调控 根据区域生态环境与社会经济状况，遵循可持续性原则、景观多样性原则、区域资源可持续利用等原则，优化蓝绿空间的规模和空间布局，合理配置各类土地利用类型，在提高生态系统生产力的同时降低有机碳的物理排放，提高城乡蓝绿空间固碳总量、持续性和稳定性，实现规划尺度下的蓝绿空间固碳增汇目标。

5.2.2.2 城乡蓝绿空间固碳增汇的人为活动调控

城乡蓝绿空间规划设计实践中，可根据不同的规划目标、碳汇基准水平与潜力水平，组成丰富多样的固碳增汇概念体系及方法组合，通过优化土地利用格局、调控碳收支过程、增汇减排等人为管理措施和技术，增加城乡蓝绿空间固碳增汇功能。主要出于以下目标进行人为调控：

①科学评估规划区域内的净固碳增汇能力，评估增汇减排措施的适宜水平，保证规划措施的技术可行性和经济可行性。

②合理选择并组合各种可能的增汇减排技术措施，实现城乡蓝绿空间固碳增汇目标最大化。

③提高单位面积内蓝绿空间固碳增汇效应强度，增强城乡蓝绿空间碳汇效能，促进实现区域增汇减排目标。

5.2.2.3 城乡蓝绿空间降温减排过程调控

蓝绿空间的间接减排原理主要基于其对城市环境的改善作用及对碳循环的积极影

响。绿地通过光合作用吸收CO_2，并释放氧气，直接参与碳的固定与存储，从而减少大气中的温室气体浓度。蓝绿空间能有效改善城市的微气候，增加绿化覆盖率和水体面积，通过提供阴凉区域和蒸发降温，降低城市热岛效应，从而降低城市对空调等制冷设备的依赖，间接减少化石燃料的消耗及其排放。此外，绿地还能增强雨水的渗透和蓄存能力，减少径流量，从而降低城市排水系统的能耗和管理成本。通过蓝绿空间的布局和规划，提升就近出行率，减少机动车出行，以及通过蓝绿空间的规划减少运输距离，减少交通运输产生的碳排放。通过这些途径不仅提升了城市的生态质量，还能够促进蓝绿空间有效地参与到城市的碳减排和气候调节（图5-4）。

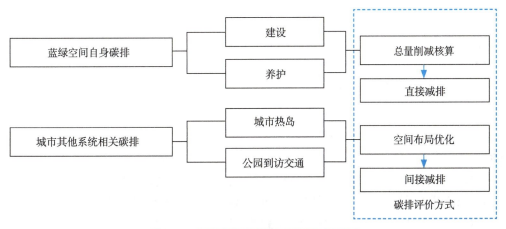

图 5-4　城乡蓝绿空间碳减排评价示意图

5.2.3　评价内容

在规划尺度下，蓝绿空间碳足迹的评价旨在全面理解和量化城乡蓝绿空间对于碳循环的贡献，以及其在缓解城市热岛效应、提高城市气候适应性方面的能力，内容主要集中在碳汇量估算、碳排放量估算、碳足迹情景模拟预测等方面。

5.2.3.1　碳汇量估算

科学计算和评估碳汇量、提升蓝绿空间的碳汇能力，增强城市生态系统的韧性和适应性，已成为当前备受关注的热点问题。近年来，学者们针对区域、城市、绿地以及植被群落等多尺度的绿色空间，建立了相应的碳汇评估方法，并开展了大量研究。这些方法各具特色，针对不同应用尺度展现出独特的适用性，为蓝绿空间的科学规划和设计提供了理论和技术参考。通过开展多尺度、高精度的蓝绿空间碳汇能力测算，不仅能有效监测碳汇和管控碳源，还能为绿地布局优化和植被群落配置提供新的思路。在区域和城市尺度上，结合卫星遥感技术进行碳汇评估展现出良好的实际应用价值。在城市层面，现有研究主要通过碳储量和净初级生产力来表征绿色空间的碳汇能力，也有少数学者采用净生态生产力作为评估指标。这些评估结果可以结合公园城市、低碳城市等规划设计与建设管理实践，提供针对性的分区管控与布局优化策略。

测算蓝绿空间碳汇能力不仅能为规划提供科学指导，更是实现碳中和目标的重要支撑，还可结合公园城市、低碳城市建设等热点实践进行分区管控与布局优化。在规划实践层面，评估多尺度碳汇能力，测算高精度碳汇效益不仅能有效监测碳汇、管控碳源，能为绿地布局优化、植被群落配置提供新思路，为决策者制定规划部署提供科学依据，有助于实现高、低碳汇区域的针对性管理。

5.2.3.2 碳排放量估算

碳排放的核算方法中，以联合国政府间气候变化专门委员会发布的评估报告最具影响力和权威性，该组织先后发布了《IPCC国家温室气体排放清单指南（1996）》和《IPCC国家温室气体排放清单指南（2006）》（以下简称《2006年指南》），指南总结了温室气体排放清单的核算方法，为把握温室气体排放量提供了重要参考。自发布后沿用至今。其中，第1卷描述了编制清单的基本步骤，就温室气体的排放和清除估算给出一般指导，第2~5卷则为不同经济部门的估算提供了具体指导。

《2006年指南》介绍了计算排放的3种方法。方法一是采用IPCC—1996—LUCF的基本方法，排放/清除因子和参数的默认值来自IPCC—1996—LUCF或IPCC—GPG—LULUCF，活动水平数据来自国际或国家级的估计或统计数据。方法二是采用具有较高分辨率的本国活动数据和排放/清除因子或参数。方法三是采用专门的国家碳计量系统或模型工具，活动数据基于高分辨率的数据，包括地理信息系统和遥感技术的应用。

此外，蓝绿空间能够通过蒸腾和蒸发作用吸收并释放大量潜热，从而降低环境温度，减少城市总体能耗，间接达到减排效果。随着城市规模的扩张和城市化进程的加剧，城市热岛效应越来越显著，不仅影响人类的热舒适感，还可能加重空气污染，引发呼吸系统疾病等。而蓝绿空间的存在，可以有效地降低城市温度，减少这些负面影响。热岛效应是城市空间形态层面影响全社会能源使用的重要中介要素，降低热岛效应能够有效减少城市能耗。场地尺度下，城市绿地中的乔木可以遮阳、防风，改善建筑周围的微气候环境条件；城区尺度下，城市绿地的规模和分布特征能够改变城市热平衡，降低城市热岛强度。

5.2.3.3 碳足迹情景模拟预测

碳足迹评价主要包括分析某些行业（如工业、电力、交通等）碳排放的区域特征、未来变化情景和区域发展战略的宏观调控效果等。在城乡蓝绿空间碳足迹评价的宏观尺度，绝大部分研究采用模型模拟、遥感反演等手段，从蓝绿空间的总体规模特征、分布格局特征、几何形态特征等方面衡量绿地的降温减排效应。基于形态学空间格局分析法，已有研究提出提升绿地核心斑块集中性与连通度、优化斑块边界、减少破碎化小斑块数量等措施能有效改善热环境。显著影响绿地直接增汇效能的主要有绿地率、绿地类型和植被配置；显著影响绿地间接减排效能的主要有绿地率、附属绿地占比、绿网建设、绿地分布均衡性和滨水绿地建设。基于碳足迹评价结果，对城乡蓝绿空间格局的优化进行预测和模拟，有助于在城市规划过程中制定更有针对性的低碳发展建议。

5.3 面向规划的蓝绿空间碳足迹评价方法

5.3.1 常用评价方法

碳收支估算方法大体可分为自下而上（bottom-up）和自上而下（top-down）两种不同类型。自下而上的估算方法是指将样点或网格尺度的地面观测、模拟结果推广至区域尺度，常用的自下而上方法包括样地清查法、遥感反演估算法、涡度相关法和基于过程的模型模拟法等。自上而下的估算方法主要指基于大气CO_2浓度反演碳汇效能，即大气反演法。不同估算方法的优缺点和不确定性来源不尽相同。

5.3.1.1 样地清查法

清查法主要基于不同时期资源清查资料的比较来估算陆地生态系统（主要是植被和土壤）碳储量变化。例如，基于连续的森林资源清查数据，计算木材蓄积量变化，再通过生物量转换方程推导出森林生物量碳储量变化。对于缺乏连续清查数据的生态系统类型，如灌木、草地等，则可建立植被碳储量观测值和遥感植被指数之间的统计关系，结合遥感植被指数变化，估算植被碳储量变化。此外，利用不同时期的土壤普查数据与野外实测资料，同样可以估算不同时期土壤碳储量的变化。汇总植被与土壤碳储量的变化，即可以得到整个区域的生态系统碳汇。

清查法的优点在于能够直接测算样点尺度植被和土壤的碳储量。其局限性主要包括：①清查周期长；②清查数据侧重森林和草地等分布广泛的生态系统，而在湿地等面积占比低的生态系统，长期观测的清查数据稀缺，导致区域尺度汇总结果存在一定的偏差；③鉴于陆地生态系统空间异质性强，在从样点到区域尺度碳储量的转换过程也存在较大不确定性；④清查数据不包含生态系统碳横向转移，如木材产品中的碳以及随土壤侵蚀而转移的有机碳等。一般而言，资源清查数据的样点覆盖密度是制约基于清查法的碳汇估算准确度的核心因素。

基于样地清查的实物量核算方法中，现场测定法依靠冠层分析仪和红外线分析仪，较为精确但耗时耗力、外界干扰大，且大尺度测定时的时间同步性受限。样地清查法以生物量法和蓄积量法为主，但在大尺度时空变化分析上较为局限，且容易受到主观因素干扰，误差较大。

5.3.1.2 遥感反演估算法

遥感反演估算法通过对卫星遥感数据进行解译，运用软件进行处理或将实地调研的数据与计算公式结合，构建碳汇量与其单个或多个影响因子的综合模型，以监测碳汇时空变化的方法。通常运用ENVI（遥感图像处理平台，the environment for visualizing images）、ArcGIS（GIS平台）进行解译，结合归一化植被指数（NDVI）、植被净初级生产力等植被基础数据测算碳汇量，具有实时动态性，可量化估算大尺度蓝绿空间碳汇效能及其变化趋势，但数据获取和处理较为复杂，工作量较大。此方法适用于城市、区域等大尺度的绿地碳汇估算，数据容易获取，较客观，存在精度有限、小尺度核算误差较大的劣势。

5.3.1.3 基于过程的模型模拟法

基于过程的生态系统模型通过模拟生态系统碳循环的过程机制，能够对网格化的蓝绿空间碳汇进行估算。模型模拟法的优势在于可定量区分不同因子对碳汇变化的贡献，并可预测陆地碳汇的未来变化。其局限性主要包括：①模型结构、参数以及驱动因子（如气候、土地利用变化数据等）仍存在较大不确定性；②目前的生态系统过程模型普遍未考虑或简化考虑生态系统管理（如森林管理、农业灌溉等）对碳循环的影响；③多数模型未包括非CO_2形式的碳排放（如生物源挥发性有机物）与河流输送等横向碳传输过程。由于不同模型在结构、参数和驱动因子等方面的显著差异，生态系统过程模型模拟结果仍存在很大的不确定性，给碳汇模拟的可靠性带来较大争议。

模型模拟法考虑了植被种类、规格、地理气候环境等多方面影响因素，能够准确专业评估各种尺度的绿地生态效益。近年来，国外有多个软件均可进行碳汇计算。常用软件是由美国林务局开发适用于中观、微观尺度的CITYgreen，以及由斯坦福大学、世界自然基金会（WWF）和大自然保护协会（TNC）联合开发的宏观尺度的InVEST模型等。

5.3.1.4 涡度相关法

涡度相关法根据微气象学原理，直接测定固定覆盖范围（通常数平方米到数平方千米）内陆地生态系统与大气间的净CO_2交换量，据此估算区域尺度净生态系统生产力。涡度相关法主要优点在于可实现精细时间尺度（如每半小时）上碳通量的长期连续定位观测，从而能反映气候波动对NEP的影响。涡度相关法的局限性主要包括：①涡度相关法主要基于微气象学原理，不可避免地会受到观测缺失，下垫面和气象条件复杂、能量收支闭合度、观测仪器系统误差等因素影响，从而给碳通量估算带来一定的观测误差和代表性误差；②通量观测站点常设置在人为影响较小的区域，且难以兼顾林龄差异和生态系统异质性，导致区域尺度碳汇推演结果存在偏差；③农田生态系统涡度相关通量观测无法区分土壤碳收支部分与作物收获和秸秆,因而难以准确估算农业生态系统碳收支;④涡度观测法测定的碳通量通常不包含采伐、火灾等干扰因素的影响,因此可能高估了区域尺度上生态系统碳汇。由于区域尺度上人为影响普遍存在且对碳汇有明显影响,涡度相关法通常很少用于直接估算区域尺度上碳汇大小,更多用于理解生态系统尺度上碳循环对气候变化的响应过程。

5.3.1.5 大气反演法

大气反演法是基于大气传输模型和大气CO_2浓度观测数据,并结合CO_2排放清单,估算碳汇量。大气反演法的优点在于其可实时评估全球尺度的陆地碳汇功能及其对气候变化的响应。大气反演法的局限性主要包括:①基于大气反演法的净碳通量数据空间分辨率较低,无法准确区分中微观尺度碳通量;②大气反演法结果的精度受限于大气CO_2观测站点的数量与分布格局、大气传输模型的不确定性、CO_2排放清单(如化石燃料燃烧碳排放)的不确定性等;③大气反演法普遍未考虑非CO_2形式的碳交换,以及国际贸易导致的碳排放转移。总的来说,随着目标区域变小,大气反演结果的不确定性逐渐增大;就国家尺度而言,即使是具有较多的大气CO_2观测站点的欧美国家,大气反演结果的不确定性也不可忽视。

5.3.2 数据收集

5.3.2.1 土地利用数据

土地利用格局与城乡蓝绿空间碳源碳汇是复杂的相互作用体系,受到多种因素的影响,包括土地利用类型、土地覆盖变化、植被类型和分布,以及城市布局和设计。目前相关研究聚焦土地利用及其变化的碳排放效应及调控研究、土地利用的碳效应评价及低碳优化研究、土地利用的碳效率分析及碳减排潜力评价、低碳土地利用政策与模式研究等。

利用遥感影像在ENVI软件中进行分类,可以得到研究年份的土地覆盖类型分布图。处理流程包括:①对多光谱数据和全色数据分别进行辐射定标和大气矫正,随后将两者得到的图像进行融合处理,得到影像融合数据;②将影像数据进行标准假彩色显示,并选择不同用地类型的训练样本,随后对所有的样本进行分离度检验;③运用向量积分类工具进行融合影像的监督分类训练,得到的分类影像经过evf格式转化变为shp格式;④数据导入GIS进行融合,符号唯一化显示到得到最终的分类结果。

根据蓝绿空间的定义和分类,利用ArcGIS软件的重分类工具,一般将耕地、林地、草地划分为绿色空间,水体划分为蓝色空间,建设用地和未利用地划分为非蓝绿空间。

中国土地利用遥感监测数据集(CNLUCC)是以美国陆地卫星Landsat遥感影像作

为主要信息源，通过人工目视解译构建的中国国家尺度多时期土地利用/土地覆盖专题数据库，常用作蓝绿空间碳足迹评价的土地利用数据。

5.3.2.2 遥感指数数据

遥感指数（remote sensing ecological index，RSEI）是基于遥感技术，通过卫星多光谱影像可见光以及红外波段不同波段间组合，构建并强化光谱特性，以此来反映某一地物特征的一种技术。在蓝绿空间碳足迹评价中常用到的遥感指数主要有归一化植被指数（normalized difference vegetation index，NDVI）、绿色归一化差值植被指数（green normalized difference vegetation index，GNDVI）、归一化水指数（normalized difference water index，NDWI）等。

（1）归一化植被指数（NDVI）

归一化植被指数是反映土地覆盖植被状况的一种遥感指标，定义为近红外波段与可见光红波段数值之差和这两个波段数值之和的比值。在植被遥感中，NDVI的应用最为广泛，原因在于：①NDVI是植被生长状态及植被覆盖度的最佳指示因子。许多研究表明，NDVI与绿色生物量、植被覆盖度、光合作用等植被参数有关。例如，NDVI的时间变化曲线可反映季节和人为活动的变化；而NDVI在生长季节内的时间积分与净初级生产力相关；研究还表明NDVI与叶冠阻抗、潜在水汽蒸发、碳固留等过程有关。因此NDVI被认为是监测地区或全球植被和生态环境变化的有效指标。②NDVI经比值处理，可以部分消除与太阳高度角、卫星观测角、地形、云/阴影和大气条件有关的辐照度条件变化（大气程辐射）等的影响。③对于陆地表面主要覆盖而言，云、水、雪在可见光波段比近红外波段有较高的反射作用，因而其NDVI值为负值；岩石、裸土在两波段有相似的反作用，因而其NDVI值近于0；而在有植被覆盖的情况下，NDVI为正值，且随植被覆盖度的增大而增大。几种典型的地面覆盖类型在大尺度图像上区分鲜明，植被得到有效的突出。NDVI的获取途径，一是可以在官方网站上直接下载成品数据；二是可以下载遥感影像，根据公式进行波段运算，但这对遥感影像的质量要求比较高，需要影像上的云量比较少，必要时需要进行去云处理。

（2）绿色归一化差异植被指数（GNDVI）

GNDVI是一种利用绿光波段和近红外波段的反射率之比计算的植被指数。与传统的NDVI相比，GNDVI对绿色植被的敏感度更高，能够更准确地评估植被覆盖和生长状况。通过评估不同地区的植被覆盖和生长状况，可以优化土地利用结构，合理规划城市绿地、农田和生态保护区。GNDVI还可以用于监测自然生态系统的变化，及时发现并解决生态环境问题，保护和恢复生态系统的稳定性和健康状态。

（3）归一化水指数（NDWI）

NDWI是一种利用遥感数据计算的植被指数，主要用于评估地表水体的分布和水分含量，通过比较可见光和近红外波段的反射率来检测水体覆盖情况。

常用遥感指数的计算公式见表5-1所列。

表 5-1　常用遥感指数及其计算公式

参　数	名　称	计算公式
NDVI	归一化植被指数	（NIR−R）/（NIR+R）
GNDVI	绿色归一化差异植被指数	（NIR−GREEN）/（NIR+GREEN）
NDWI	归一化水指数	（NIR+SWIR）/（NIR−SWIR）

注：NIR 为近红外波段的反射值，GREEN 代表绿光波段的反射率，SWIR 代表短波红外波段的反射率。

5.3.2.3　植被净初级生产力数据

植被净初级生产力（NPP）是衡量单位面积植被在单位时间内吸收光合有机物净量的指标，它代表了植物通过光合作用固定的有机物质的总量减去因呼吸作用消耗的同量有机物质的差额。NPP是生态系统中生产力和能量转化效率的一个重要指标，它的大小受多种因素影响，包括气候条件（如降水量、温度、日照时数等）、土壤特性（如土壤养分含量、质地等），以及植物的物种多样性、密度和分布。NPP是评估全球碳循环和气候变化的宝贵数据之一，因为它直接关系到大气中CO_2的吸收和释放。

5.3.2.4　气象数据

在城乡蓝绿空间格局与碳足迹评价的研究中，气象数据发挥着核心作用。评估和理解温度、降水量、日照时数等气象因素对绿地生长和碳吸收能力的直接影响，对于碳循环模型、评估蓝绿空间对气候变化的适应性至关重要。通过综合性分析，气象数据为优化城市蓝绿空间布局，提高其碳汇能力，以及制定应对气候变化的有效策略提供了科学依据。根据气象监测站和研究区气温、降水、太阳辐射数据可处理得到研究区气象栅格数据地图。

5.3.2.5　其他社会经济数据

基于优化年的人口规模、人均GDP、城镇化率、产业结构、能源结构、能源强度等社会参数，构建碳排放预测模型，可根据人口、经济、技术（产业结构）、能源等多方面因素对规划区域在优化年的CO_2排放量进行预测，使得预测结果更加客观准确，以提高蓝绿空间规划效果。

如夜间灯光遥感可在夜间无云条件下获取地表微弱的灯光强度信息，进而较好地判断建成区的大致范围。夜间灯光的强度可直接反映城市的经济发展状况，在分析社会经济发展和人类活动方面具有重要作用。

5.3.3 常用方法模型

5.3.3.1 CASA模型

CASA（carnegie-ames-stanford approach）模型由Potter等于1993年提出，是一种基于过程的模拟模型，以遥感和地理信息系统为主要技术手段，基于植被的生理过程中的光能利用率，建立估算植被净初级生产力（NPP）机理模型。在大尺度植被NPP研究和全球碳循环研究中广泛采用，是目前国际上最通用的NPP模型之一。

CASA模型耦合了生态系统生产力和土壤碳、氮通量，用于表征陆地生态系统中H_2O、C和N通量跟随时间演变而不断变化的生态系统过程。利用CASA模型计算NPP涉及光合有效辐射（absorbed photosynthetic active radiation，APAR）和光能利用率（ε）两个因子，所需数据有太阳辐射、NDVI、土壤水分、降水量、平均温度等。

$$NPP(x,t) = APAR(x,t) \times \varepsilon(x,t)$$

式中　$APAR(x,t)$为像元x在t月吸收的光合有效辐射（单位：MJ/m^2）；

$\varepsilon(x,t)$为像元x在t月的实际光能利用率（单位：gC/MJ）。

光合有效辐射（APAR）是绿色植物在进行光合作用过程中，吸收的太阳辐射使叶绿素呈激发状态的那部分光谱能量，是植物生命活动、有机物质合成和产量形成的能量来源。$APAR$值由植被所能吸收的太阳有效辐射和植被对入射光有效辐射的吸收比例（fraction of photosynthetically active radiation，FPAR）来确定。

光能利用率是指在一定时期单位面积上生产的干物质中所包含的化学潜能与同一时间投射到该面积上的光合有效辐射能之比。环境因子如气温、土壤水分状况以及大气水汽压差等会通过影响植物的光合能力而调节植被的NPP。

CASA模型考虑了NPP计算的两个主要驱动变量（图5-5），即植被所吸收的光合有效辐射与光能利用效率，而这两个变量又分别通过太阳辐射、NDVI、土壤水分、降水量、平均温度等指标来体现。同时，CASA模型相对于其他模型所需要的输入参数较少，避免了由于参数缺乏而人为简化或者估计而产生的误差。模型采用的遥感数据覆盖范围广，时间分辨率高，能够实现对区域和全球NPP的动态监测。例如，尹锴等以

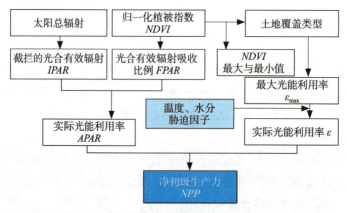

图5-5　净初级生产力估算模型总体框架（朱文泉　等，2007）

北京为研究区，整合遥感数据、气象数据及其他多源辅助数据，基于CASA模型分析了2010年北京植被生态系统净初级生产力（NPP）的时空分布格局及其主要影响因素（尹锴 等，2015）。

在区域层面，CASA模型可用于大范围、快速、实时植物碳汇模拟。这些方法已广泛应用于城市地区的研究。一般研究多使用CASA模型来计算规划尺度的研究区碳汇，该方法突破了传统场地信息的约束和限制，具有计算实时、高效的优势，可以快速实现大规模碳循环模拟。

然而，光能利用率的准确估算是利用CASA模型模拟生产力的关键因素之一，模型作者提出在理想状态下植被存在着最大光能利用率。事实上，不同植被类型的光能利用率存在着很大差异，受到温度、水分、土壤、植物个体发育等因素的显著影响，把它作为一个常数在全球范围内使用会引起一定的误差。而CASA模型起初是针对北美地区所有植被而建立的，世界各地差异较大，模型参数的修改比较困难。同时，模型在估算水分胁迫因子时用到了土壤水分子模型，过程比较复杂，其中涉及大量的参数，包括降水量、田间持水量、萎蔫含水量、土壤黏粒和砂粒的百分比、土壤深度、土壤体积含水量等，数据较难获取，且土壤参数都是由土壤分类图来确定的，其精度难以保证。

此外，目前也有研究利用CASA模型探索蓝绿空间格局与碳汇能力之间的时空耦合关系，以及景观格局对碳汇能力的影响，成为城市和区域规划领域的重要议题。从宏观的区域层面研究蓝绿空间格局与碳汇能力的时空耦合关系，分析各类蓝绿空间的景观格局对整体碳汇的影响，从而优化碳汇用地空间布局，构建高碳汇导向的城乡蓝绿空间规划。规划尺度的碳足迹评价研究，在遥感影像解析的基础上，通过提取空间信息制作碳汇分布图，以高碳汇为导向探讨城市区域空间格局优化方法，优化城市生态规划格局（图5-6）。

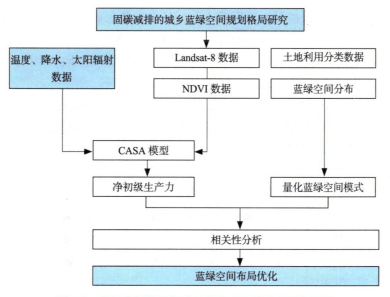

图5-6　蓝绿空间格局与碳汇能力之间的时空耦合关系

5.3.3.2　InVEST碳储存和封存模型

InVEST模型（integrated valuation of ecosystem services and trade-offs）又名生态系统服务和权衡的综合评估模型，是由美国斯坦福大学、大自然保护协会（TNC）与世界自然基金会联合开发的模型，旨在通过模拟不同土地覆被情景下生态服务系统物质量和价值量的变化，为决策者权衡人类活动的效益和影响提供科学依据，实现了生态系统服务功能价值定量评估的空间化。该模型较以往生态系统服务功能评估方法的最大优点是评估结果的可视化表达，解决了以往生态系统服务功能评估用文字抽象表述而不够直观的问题。

生态系统通过从大气中释放和吸收温室气体（如CO_2）来调节地球气候，基于陆地的碳储存和封存也是所有生态系统服务中最广泛认可的，管理蓝绿空间碳储存和封存需要有关碳储存量和位置的信息，随着时间的推移封存或损失了多少碳，以及土地利用的变化如何影响随时间推移的碳储存量和封存量。由于土地管理者必须在保护、收获或开发之间进行选择，因此碳储存和封存地图非常适合支持影响这些生态系统服务的决策。

地块上的碳储存很大程度上取决于地上生物量、地下生物量、土壤有机物和死亡有机物4个碳库的大小。InVEST碳储存和封存模型使用土地利用分类汇总4个碳库中的碳存储量来估计当前储存在蓝绿空间中的碳储量或随时间推移的碳封存量。封存碳的经济或社会价值、其年变化率等和贴现率也可用于估计这种生态系统服务对社会的贡献价值。

地上生物质　包括土壤以上的所有活植物材料（如树皮、树干、树枝、树叶）。
地下生物量　是植物在土壤以下的活根系等。
土壤有机物　是土壤的有机成分，是陆地最大的碳库。
死亡有机物　包括垃圾及站立或倒下的枯木。

计算当前时间下的碳储量，所需输入数据是土地覆盖或土地利用图，以及与土地覆盖或土地利用对应的4个碳库的碳值表，估计地块中储存的碳净量以及剩余库存中封存的碳的市场价值。如果同时提供当前和未来的土地覆盖或土地利用图，则可以计算碳储存随时间的净变化（封存和损失）及其社会价值。

CASA模型结合ArcGIS进行空间制图，提供了一种将这些碳库值映射到土地覆盖图的便捷方法，便于直观了解碳储量空间分布与演化模式。将模型用于国家、省份、流域等大尺度测算研究，可以直接评估某一区域上特定时间段的碳储量，并计算由土地利用变化导致的碳储量变化，具有数据需求少、运行速度快等优点。

由于InVEST碳储存和封存模型简化了碳循环过程，不包括生物物理的复杂性或动态性变化，如种植树木、演变土壤化学或结合温度或降水随时间变化的等影响因素，该模型也有一定局限性包括：

①过度简化的碳循环模型中不包括对碳封存很重要的生物物理条件，如光合作用速率和活性土壤微生物等。

②模型过于依赖每类土地覆盖或土地利用类型的碳储存估值，因此结果精度和可

靠性受输入数据影响大，并容易忽略不同气候、立地条件下植被碳存储量的差异性。

③无法捕获从一类碳库到另一类碳库中的碳转移，例如，森林中的树木因疾病而死亡，储存在地上生物质中的大部分碳会变成储存在其他（死亡）有机物质中的碳。

④大多数植物的碳封存遵循非线性路径，使得碳在最初几年以较高的速率封存，并随着植被生长减缓或群落老化退化，随后的几年以较低的速率封存。但该模型对碳封存的估值假设碳储存随时间呈线性变化，而恒定变化率的假设往往影响碳封存的价值的估算精度。

目前，国内外学者也应用InVEST模型与CA-Markov、CLUE-S、SLEUTH、FLUS等LUCC模拟模型结合，揭示碳储量的时空变化特征。例如，邹天娇等研究了1999—2017年北京市浅山区的土地利用变化及其对生境质量的影响，并使用CA-Markov模型预测了2035年的景观格局发展趋势（邹天娇 等，2020）。帕茹克·吾斯曼江等研究了2000—2020年昆明市土地利用变化对碳储量的影响，并使用InVEST模型与CA-Markov模型预测了2020—2030年不同土地利用情景下的碳储量变化（帕茹克·吾斯曼江 等，2024）。

5.3.3.3 CITYgreen模型

CITYgreen模型由美国森林协会在1996年首次发布，提供了计算树木和其他植被经济和环境效益，并模拟各种发展和规划方案经济影响的技术方法，是一款以GIS和RS技术为基础的绿地生态效益评价模型。从CITYgreen 5.0开始，允许用户快速分析城市、乡村、流域或任何其他空间尺度下的环境效益，突破了以往版本只能对样地尺度进行分析的局限。此外，CITYgreen for ArcGIS实现了，作为ArcGIS的扩展在ArcMap环境中运行使用，基于有利于数据共享的平台，提供了更强大的编程语言，也更容易获得城市树木覆盖的价值效益。

CITYgreen模型通过计算研究区域内植物提供的环境和经济效益，如城市森林在减少雨水径流、减轻空气污染、改善水质以及碳储存和封存方面的效益，为土地使用决策提供了可量化依据。模型不仅能够利用样地植被调查数据进行生态效益计算，也可以利用高分辨率的卫星图像、低空照片以及任何类型的栅格或矢量数据，生成研究区域的生态效益数值。软件操作简单、运算快捷，较为成熟，可对碳汇效益进行经济量化。

CITYgreen由数据库和生态效益分析2个模块构成，两部分共同作用可以模拟植被的生长。在我国，中国科学院沈阳生态应用所何兴元、刘常富等人首先引进了CITYgreen模型，并修正了模型中的相关参数，以沈阳市为试点进行了城市森林生态效益的分析（刘常富 等，2008）。此后，在南京、深圳、北京、西安、杭州等城市得到应用，主要用于评估城市森林的固碳价值、污染物净化价值和水土保持价值方面。

其中，碳储存和封存计算功能基于CITYgreen中的美国城市生态效益（the urban forest effects model，UFORE）模型，通过碳储存量模块可以计算得出储存在研究范围内树木生物质（树干、树根、树枝）中的碳数量，碳封存量模块可以计算随着树木的生长，每年储存的额外碳量。

CITYgreen模型所需数据包括地表覆盖、研究区范围、植被属性、降雨参数、下垫面性质等，所需数据较少，估算快捷（图5-7）。但是由于模型只考虑到树冠等因素，无法针对不同树种设定不同参数。此外，数据库的植物属性部分提供了一个具有300多种树木信息的基础数据库，但所提供的数据来源于美国本土，使用该模型前必须修正一些基本参数或更新树种数据库，更新时需提供树木的叶片密度、树高生长率、胸径生长率、树冠形状、树叶脱落情况、最大树高等级等详细资料，以便系统和模型内自带的基础树种数据库匹配，并根据异速生长模型估算每棵树的生态效益。

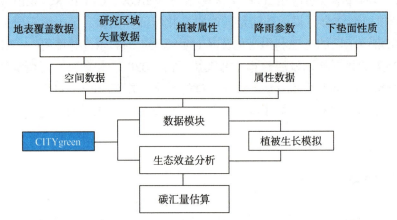

图5-7　CITYgreen对城市绿地碳汇量估算的技术路线（改绘自于洋 等，2021）

由于模型中考虑的影响因素有限，并且往往用均值代替不同研究区参数，导致模拟精度不高，计算结果可靠性有待进一步验证。数据库中多为国外植被数据，缺少本土化数据库，精准度有待考量，需进行修正。作为一个线性模型，忽略了生态系统的复杂性也是其局限之一。

5.3.3.4　其他土地利用碳汇量模拟模型

（1）PLUS模型

PLUS模型（patch-generating land use simulationmodel）由中国地质大学（武汉）地理与信息工程学院开发，能够精准模拟斑块级土地利用变化并揭示其非线性关系，更加准确地预测未来不同政策情景下土地利用对潜在生态系统服务功能的影响。作为以模拟斑块数据形成和变化趋势为基础的模型。在对各地类图斑形成与发展变化模拟的过程中，获取影响各土地利用类型的驱动因子贡献度，深层次剖析土地利用变化规律，以达到更好模拟土地利用未来变化趋势的目的。

PLUS模型在Markov基础上发展出精度更高的土地扩展分析策略（land expansion analysis strategy，LEAS）和多类型随机斑块种子的元胞自动机模型（cellular automata model bsedaon multi-class random patch seeds，CARS）模块。在LEAS中利用随机森林算法，提取原有用地扩张特征，将各地类发展概率作为约束条件，利用Markov计算得到的未来用地需求，并输入CARS中，模拟土地利用变化。该模型的优点有模拟精度更高，使用更灵活方便，速度更快，支持大尺度数据处理分析以及支持实时动态显示等。同时在动态模拟林地和草地斑块变化中更具适用性，对于以蓝绿空间为主体的地区，其模拟优势显著。例如，王子尧等通过耦合多目标规划（MOP）与斑块生成土地利用模拟模型（PLUS），针对北京市构建了自然演变、经济优先与低碳发展这3种未来发展情景，并对不同情景下2030年土地利用与生态系统服务价值进行模拟评估。在此基础上，进一步对北京市未来生态系统服务提升区域进行识别，将传统的多情景土地利用模拟研究进行了延伸与扩展（王子尧 等，2023）。

（2）CA-Markov模型

元胞自动机（cellular automata，CA）模型是一种时间、空间、状态都离散，空间相互作用和时间因果关系为局部的网格动力学模型，可以利用某段时间土地的发展规律以及土地的空间位置特征等因素，模拟各类土地的扩张过程。

CA作为一种离散状态的动力学模型，能按照一定的局部规律实现复杂系统的时空演化过程。但该模型缺点在于元胞更新状态中的规则过于单一，没有充分考虑宏观因素的影响；马尔可夫模型（Markov）虽然能对系统整体发展的趋势进行模拟预测，但是却难以分析区域空间格局的变化特征；有机结合形成的CA-Markov模型能弥补二者的缺陷，不仅能有效实现空间整体格局演变的分析，而且还能实现对复杂系统未来发展状况的科学模拟预测。

CA-Markov模型最初运用于土地利用格局时空演变过程分析及预测，随着专家学者的不断深入探索，该模型也逐渐渗入到土壤侵蚀和植被覆盖等多学科领域的预测研究中，且取得了较好的效果。在土地利用栅格中，每一个像元就是一个元胞，每个元胞的土地利用类型为元胞的状态。模型在GIS软件的支持下，利用转换面积矩阵和条件概率图像进行运算，从而确定元胞状态的转移，模拟土地利用格局的变化。例如，吴志峰等以广州市1990年、2000年TM影像为数据源，通过分析斑块和景观两个层次的格局指数变化，研究了20世纪90年代广州市土地利用格局的时空特征，利用Markov模型与CA模型，对广州市2010年土地利用空间格局进行了预测（吴志峰 等，2007）。

（3）多目标规划模型

多目标规划模型（multi objectiveprogramming，MOP）是一类分析多因素约束与多目标组合，将定性分析与定量分析相结合的分析决策模型。多目标线性规划模型可以多方面对影响土地利用变化的决策因素进行综合考虑，以期得到与给定目标最适宜的土地利用数量结构。该模型主要由决策变量、约束条件、目标函数3个部分组成。基于土地约束条件和目标函数可构建多目标规划模型，来计算约束条件下目标函数的最优解，以获得规划蓝绿空间数量。

其中，决策变量即需要求解的各土地利用类型数量。约束条件主要对给定目标下各土地利用类型的数量规模进行限定；目标函数是需要达到目标的量化结果，一般为各个决策变量所构成的函数表达式，如若存在多个目标时，可通过设置不同的权重值对优化目标的主次进行反映。多目标模型已广泛应用于城市土地利用和生态空间规划，在城乡蓝绿空间规划中具有广阔的应用前景。

5.4 城乡蓝绿空间固碳增汇规划途径

增强城乡蓝绿空间碳汇能力主要从3个方面入手：①增加碳汇面积、优化调控城乡蓝绿空间固碳增汇格局；②提升城乡蓝绿空间固碳增汇能力；③提升碳汇管理质量，增强单位面积上的碳汇能力。

5.4.1 增加碳汇面积，优化调控城乡蓝绿空间固碳增汇格局

城乡蓝绿空间与城市生态环境质量息息相关，是城市碳汇的主要来源，是碳排放约束目标下城市空间格局优化的重点。其不仅对提高城市碳排放的消纳能力起到关键作用，也会对城市其他系统的碳排放水平产生间接影响。

碳汇面积存量主要是指某个时点（每年、每季或每月等）区域实际碳汇面积的保有量。在其他条件不变的情况下，碳汇面积和碳汇能力呈正比。区域碳汇面积越大，区域从空气中吸收CO_2的能力越强，即碳汇能力越强。自20世纪以来，全球森林面积每年约减少$0.2 \times 10^8 hm^2$，相当于森林从大气吸收和固定的CO_2每年减少$48 \times 10^8 t$。因此，增强区域碳汇面积是提高区域碳汇能力的重要环节，可以通过整合区域碳汇资源、合理制定碳汇资源发展与保护规划、科学划定区域碳汇功能分区等方式，保护并限制开发山区、丘陵地带的森林、草原以及湿地等天然碳汇空间，积极开展植树造林、城乡绿化和湿地保护等工作，从而增加区域碳汇面积存量，提升整体碳汇能力。

空间格局是指空间的位置布局和相互关系。城乡蓝绿空间格局则指城乡蓝绿空间所包含的用地、功能、物质实体及其所限定的空间位置布局和相互关系，是获得对城乡蓝绿空间整体关系的综合把握。根据现有的土地利用状况，通过提高城乡蓝绿空间生产力并降低有机质分解与流失，是实现固碳增汇的重要技术手段，如城乡绿地建设、人工林建设和退耕还林等。因此，在规划过程中，可以根据区域内气候、水分、土壤和生物要素的空间分布，调整优化各类城乡蓝绿空间布局，改善城乡土地利用结构，并结合植物群落类型和物种组成特征优化，提高城乡蓝绿空间的净初级生产力，进而实现提高城乡蓝绿空间固碳增汇能力的目标。另外，调整后的土地利用方式通常对土壤的扰动更小，有效降低了土壤有机质分解和碳流失量，在增大城乡蓝绿空间固碳速率的同时也增加了固碳效应的持续时间，提高城乡蓝绿空间碳汇稳定性，实现区域固碳增汇效应的最大化和可持续性。

通过对现有城乡蓝绿空间类型进行结构性的调整，优化空间格局，达到城乡蓝绿空间碳增汇的目的，其主要途径包括：

①增加具有更高生产力或碳汇能力的蓝绿空间，局部替代原有的土地利用类型，增强碳汇能力。

②发展生态保护功能更强的蓝绿空间营造方式或植被类型，降低区域性的土壤有机质分解和流失。

③利用景观多样性原理和复合生态学原理，优化配置各类土地利用类型和生产方

式的空间布局，实现城乡蓝绿空间碳汇效应的最大化与可持续性。

④通过调整居民生活方式和区域能源结构，增加外源性有机碳的输入。

此外，也可以引入蓝绿空间占比、蓝绿融合度和蓝绿空间连通度等与蓝绿空间配置、碳汇能力提升密切相关的评价指标，对蓝绿空间格局进行评价和优化引导。

蓝绿空间占比指城乡范围内林地、草地、耕地、湖泊、河流等能产生生态效益的土地面积占城市总面积的比值，反映蓝绿空间在城市中的覆盖程度。较大的蓝绿空间占比意味着其能够吸收更多的CO_2并储存为有机物质，有助于减少城市碳排放总量，并有效维持生态系统功能的稳定。

蓝绿融合度反映河流、湖泊等和绿地、林地、草地等空间的融合情况，对城市生态网络的构建具有重要作用。蓝绿融合度越高，说明水生态系统和陆地生态系统融合得越好，能够利用湿地、绿地和森林的共同作用吸收固定大气中的碳和污染物，起到增加城市固碳增汇能力、提高污染物消纳能力等作用。

蓝绿空间连通度反映城乡蓝绿空间的连通和聚合状况。连通度越高，代表景观聚合程度越高，生态网络越完善。可以通过合理的布局和设计，打造连续的生态廊道和生态网络体系，增强固碳增汇效率，并通过促进绿色出行、缓解城市热岛效应，实现间接减排目标。

5.4.2　提升增强蓝绿空间固碳增汇能力

在现有的土地利用格局条件下，通过提高生态系统生产力以增加有机碳输入，是增加城乡蓝绿空间碳汇功能的重要技术途径。增汇机制是通过改良物种、优化植物群落物种组成和改善植物生存环境，提高城乡蓝绿空间的NPP，或者通过抑制土壤动物和微生物呼吸以及其他温室气体排放措施等，来提高NEP或NBP。

根据区域特征和基本条件，准确评估城乡蓝绿空间的碳汇和碳排水平，利用合理的规划措施，有助于增加城乡蓝绿空间碳输入（生物有机碳输入）、降低碳输出（有机质分解、水蚀和风蚀），达到城乡蓝绿空间优化发展和可持续利用，实现城乡蓝绿空间碳增汇。例如，通过更新或种植优良乡土植物种类、优化植物群落的物种组成或空间结构，提高城乡蓝绿空间净初级生产力并使其长期维持在较高水平，从而增加城乡蓝绿空间碳输入，实现碳储量的持续增长。

5.4.3　提高蓝绿空间固碳增汇能力管护水平

对城乡蓝绿空间进行科学管理和保护经营是维持碳汇能力的重要环节，植物群落的健康水平与其碳汇能力密切相关。随着我国城乡建设从增量建设进入到增量存量并存的发展阶段，城市内部的蓝绿空间需要加强生态系统经营管理，城市外围的生态空间也面临着退化状态经营修复等问题，从而解决生产力低下、生态系统服务功能下降及碳流失等问题。城乡蓝绿空间固碳增汇资源具有公共性，绿地、森林、草地和湿地等生态空间虽然可能只位于某些局部地区，但它们却是整个区域的共有资源，对整个区域空气中CO_2的吸收及空气质量改善都具有积极的作用。

因此，就城市而言，需要统一思想认识，积极制定城乡蓝绿空间固碳增汇目标，打破区域之间"各自为政"的行政分界，推动区域之间协调行动。合理地保护各类城乡蓝绿空间，针对不同退化类型和不同退化程度的蓝绿空间类型，采取不同的应对策略进行保育修复，并辅以适当的人为管理措施促进植被空间的恢复和重新演替。积极发展碳汇技术，通过科学育苗技术，增强城乡蓝绿空间的植物的多样性，优化树种，提升单位面积上的碳汇质量，增强其碳吸收能力。通过智慧化、数字化管护技术，加强蓝绿空间植被条件和碳汇能力的有效管理。

5.5 综合评价与应用案例

5.5.1 基于"空间-数量"绿色低碳导向的成都天府新区蓝绿空间体系优化

本案例基于天府新区成都直管区国土空间规划中明确的"减源-增汇"、建设碳达峰碳中和"先锋城市"等要求，围绕"碳汇天府"建设目标，聚焦蓝绿空间直接增汇、间接减排两大途径，面向"碳汇格局空间优化"与"固碳贡献率数量提升"目标，应用模拟量化等多种研究方法，构建"空间-数量"协同碳汇提升的技术框架，支撑城市片区尺度下的蓝绿空间体系规划。

5.5.1.1 评价目标

天府新区成都直管区位于成都东南部，是国家级建设示范新区，山水人城和谐相融的公园城市先行区，绿色低碳城市绿地建设的先锋示范区。天府新区成都直管区共564km^2，以平坝、浅丘为主，拥有丰富蓝碳、绿碳资源，四周环抱3处生态区，内含5条河流，并规划有3条绿廊。城镇开发边界内共有6大建设片区，规划多处绿地碳库斑块。

如何利用有限城市绿地空间，最大限度地精准促进城市绿地空间格局与数量增汇的双重优化，成为规划区域亟待解决的技术与实践问题。通过对直管区绿地直接增汇能力评价，筛选现状生态碳汇区、合理规划高碳排区域，对间接减排效益量化，识别冷源廊道与潜在风廊，分析绿地服务待优化区域，最终打造"源汇"协同，促进清凉通风、降温增湿、绿色出行的蓝绿空间格局优化。

5.5.1.2 评价方法

进行碳足迹评价前，获取植被覆盖数据，通过监督分类和目视修正相结合，划分为林地、疏林地、草地、湿地4种植被类型；气候数据包括月平均温度数据、月总降水量栅格数据、月太阳总辐射数据等；其他数据包括NDVI时间序列数据、NPP等。

规划将碳足迹评价分为直接增汇评价和间接减排评价两方面，直接增汇方面识别高碳汇区和高碳排风险区，间接减排方面评估绿地冷岛降温、生态通风、绿色出行带来的间接减排效应。

直接增汇评价包括基于CASA模型评估NPP，计算现状和规划的碳汇能力；通过土地利用类型的碳排系数，估算现状和规划的碳排放量。

间接减排评价包括获取研究区域Landsat卫星影像，并进行预处理，采用完成预处理的Landsat影像，通过大气校正模型反演获取城市地表温度数据；利用Pheonics风模拟软件识别区域通风廊道；建立300m的缓冲区及15分钟步行生活圈（1000m），识别绿地未辐射到的区域。

5.5.1.3 评价结果

（1）直接增汇

通过CASA模型计算现状（2020年）年总/各月NPP，表征绿地碳汇的相对能力（图5-8、图5-9），明确现状碳汇能力较强和较弱区域。

在此基础上，基于规划（2035年）用地类型和碳汇系数，对规划碳汇量进行估算，区域年总碳汇量为13.94×10^4t，相比现状年碳汇总量有所降低。通过比对现状和规划碳汇量差值区域，识别碳汇量快速减少区域，其原因是上位规划中新增建设用地占用了部分现有生态碳库，降低了碳汇能力，应明确在规划中进行增汇生态补偿。

基于IPCC缺省方法和排放因子模型，测算规划和现状的人为碳排放量。直管区现状年总碳排量为252.31×10^4t，集中碳排区域位于建设完成度较高的区域，其碳排量达到81.71×10^4t，占区域总碳排的32%。未来高碳排区域位于四大建设组团片区，年总

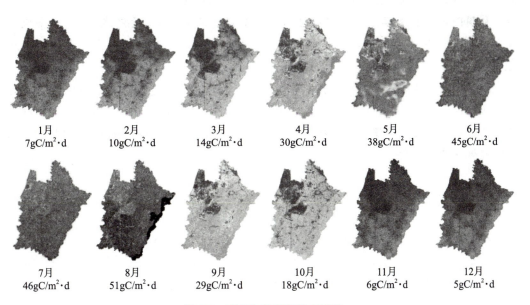

| 1月 | 2月 | 3月 | 4月 | 5月 | 6月 |
| $7gC/m^2·d$ | $10gC/m^2·d$ | $14gC/m^2·d$ | $30gC/m^2·d$ | $38gC/m^2·d$ | $45gC/m^2·d$ |

| 7月 | 8月 | 9月 | 10月 | 11月 | 12月 |
| $46gC/m^2·d$ | $51gC/m^2·d$ | $29gC/m^2·d$ | $18gC/m^2·d$ | $6gC/m^2·d$ | $5gC/m^2·d$ |

图5-8 现状各月碳汇能力评价

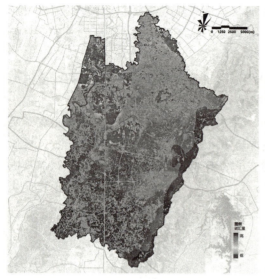 

图5-9 现状年总碳汇量评价　　　　　图5-10 直接增汇综合评价

碳排可达445.80×10^4t，规划碳排增长显著，应关注高碳排放风险区，合理促进碳源汇协同。

将现状高碳汇区域与规划高碳汇需求的区域相叠加，得出未来需重点进行保护与增强碳汇能力的综合区。明确对龙泉山、毛家湾、鹿溪河生态廊道、二绕生态廊道4大高碳绩效绿地进行保护，并重点提升高碳排风险区的碳汇能力（图5-10）。

（2）间接减排

基于遥感解译与数据反演，量化评估研究区域地表温度（LST），识别得出城市热岛主要集中在已建成的城镇开发片区。研究区内冷岛降温效益较好，存在3条冷源廊道，主要为鹿溪河森林生态带、毛家湾绿楔、龙泉山森林生态区（图5-11）。

利用Pheonics风模拟软件识别区域通风廊道，存在2条主要潜在风廊，1条次级潜在风廊，为片区风环境规划奠定基础。此外，规划在此基础上补充一条规划风廊（图5-12、图5-13）。

以绿地系统各绿地为中心，按照各绿地类型的服务半径建立300m、500m、5000m缓冲区，以各社区组团为中心，建立15分钟步行生活圈（1000m）的缓冲区。识别绿地服务未辐射到的区域，建成区边界及部分核心区存在绿地服务待优化冷点（14处），绿色慢行体系有待提升。

5.5.1.4 规划布局

将直接增碳汇、间接减碳排评价结果中的固碳增汇绿地结构、降温增湿绿地结构、通风减排绿地结构和绿色慢行绿地结构相互叠加，依据自然生态碳库基底，基于片区绿地系统结构骨架强化蓝绿碳库分支，细化各级碳汇廊道级别与功能，最终打造直接增碳汇、间接促减排的高碳绩效蓝绿网络体系（图5-14）。

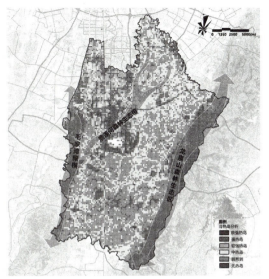

图 5-11 冷岛降温评价　　　　　图 5-12 生态通风模拟评价

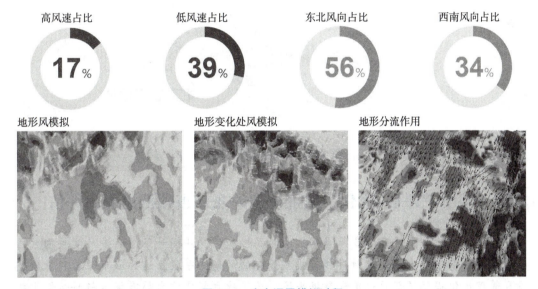

图 5-13 生态通风模拟过程

与规划绿地系统相比，高碳汇绿地格局强调将雁溪湿地带、鹿溪河智谷森林带生态基底作为高碳效能、高连通性的重要湿地与森林蓝绿碳库廊道，并重点关注具有高碳高污风险的新型工业区，相应增补减污降碳的高碳汇绿地组团。

以城市绿地系统规划为基础，进行高碳汇绿地的细化与优化。聚焦蓝绿空间直接增汇、间接减排两大途径，将"碳汇格局空间优化"与"固碳贡献率数量提升"目标相结合，实现全流程、全尺度的绿地碳汇能力优化。将增碳汇、促减排，作为绿地贡献双碳目标的两大重要抓手，以城市生态绿地碳汇量与区域人为碳排放总量的比值，即碳汇贡献率，作为区域尺度绿地实现增汇减排数量优化的量化指标，适用于规划新区或待更新片区。

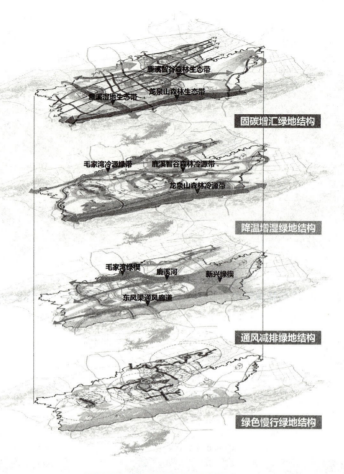

图 5-14 高碳绩效绿地结构

5.5.2 基于"评估–优化"循证框架的北京市碳抵消能力评估

近年来，结合高精度的多源遥感技术和高性能的算法提升了绿地多尺度异构数据的精度，丰富了城市绿地碳封存和碳排放等领域的研究手段，这为城市绿地的低碳建设和管理优化提供了新的视角和数据来源。为了建立数字技术精准评估与科学优化相结合的系统性方法，本案例以循证的"评估–优化"原则为基本框架，建立根据评估能力实施循证优化的技术框架，开展北京市绿色空间碳封存评估与空间格局优化。

5.5.2.1 评价目标

城市绿色空间的碳抵消能力（carbon offset capability，COC）表示为绿色空间CO_2净吸收量与城市CO_2排放量的百分比。一般而言，COC的范围在0~1，数值越大则意味着绿色空间能够更好地吸收和固定城市的CO_2排放量。案例以北京市市域范围内的绿色空间为研究对象，通过科学评估绿色空间的CO_2净吸收量和城市CO_2排放量，明确现状绿色空间的碳抵消能力，建立实现碳平衡导向下城市绿色空间优化方法步骤。

5.5.2.2　评价方法

首先，建立基于光能利用率模型和土壤呼吸模型的绿色空间碳汇评估方法。针对研究区域的绿色空间，设置包括NDVI、太阳辐射强度、气温、降水等CASA模型参数，使用改进CASA模型，模拟得到研究区域绿色空间NPP。其次，采用基于经验的"气候—土壤模型"，计算得到北京市绿色空间土壤呼吸释碳量。在此基础上，计算绿色空间植被初级生产力和土壤异养呼吸释碳量的差值，得到北京市绿色空间的NEP，即碳汇量。计算所需的能源和材料消费量来源于《北京市统计年鉴》，碳排放系数参考IPCC发布的排放因子。最后，计算2020年绿色空间植被CO_2净吸收量和人类活动引起的CO_2排放量的比值，得到绿色空间的碳抵消能力。

基于2020年北京市绿色空间的碳抵消能力，参考国内外城市绿色空间碳抵消能力的评价结果，设置2035年北京市绿色空间碳抵消能力提升的多个候选目标，候选目标的提升梯度为5%，并建立STIRPAT（Stochastic Impacts by Regression on Population, Affluence and Technology）模型预测2035年北京市CO_2排放量。以此为依据，建立社会-生态效益最大化的多目标规划模型，从而确定最佳的候选目标及其对应的标准绿色空间数量，使用PLUS模型来实现一定数量绿色空间的布局优化。

5.5.2.3　评价结果

（1）碳抵消能力评估

评价结果显示，北京市绿色空间2020年CO_2净吸收量约为898.88×10^4t。同时，建立基于碳排放系数的碳排放量核算方法，包括能源消费、工业生产和农业生产3个主要模块。其中，能源消费主要考虑原煤、焦炭、原油、汽油、煤油、柴油、天然气、电力等能源消耗排放的CO_2；工业生产主要考虑水泥生产排放的CO_2；农业生产主要考虑化肥、农药、地膜投入排放的CO_2。工业钢材生产和农用器械生产排放的CO_2主要体现在能源消耗方面，为避免重复统计，不再单独计算。计算所需的能源和材料消费量来源于《北京市统计年鉴》，碳排放系数参考IPCC发布的排放因子和相关参考文献。结果显示，北京市2020年由人类活动引起的CO_2排放总量约为$24\ 012.47 \times 10^4$t。计算2020年绿色空间植被CO_2净吸收量和人类活动引起的CO_2排放量的比值，得到绿色空间的碳抵消能力为3.74%。

（2）社会—生态效益最大化的多目标规划模型

基于2020年北京市绿色空间的碳抵消能力（3.74%），设置2035年北京市绿色空间碳抵消能力提升的多个候选目标，候选目标的提升梯度为5%，建立STIRPAT模型预测2035年北京市CO_2排放量。得到2035年绿色空间碳抵消能力分别为3.93%（5%）、4.11%（10%）、4.30%（15%）、4.49（20%）和4.68%（25%），且预测CO_2排放量为$26\ 540 \times 10^4$t。

基于碳抵消能力候选目标、预测CO_2排放量和标准绿色空间（林地）的单位面积碳吸收量，计算对应候选目标下的标准绿色空间数量。同时，将碳抵消能力候选目标下的标准绿色空间数量作为碳约束条件，将2035年规划用地数量作为土地利用约束条件，建立社会—生态效益最大化的多目标规划模型，从而确定最佳的候选目标及其对应的标准绿色空间数量。结果显示，当提升梯度大于等于15%时，无法计算全局最优解。因此，按照1%的提升梯度进一步细化碳抵消能力候选目标为4.11%、4.15%、4.18%、4.22%、4.26%进行求解。最终确定满足城市发展规划约束条件的最佳碳抵消能力为4.19%，此时标准绿色空间数量为13 012.24km^2。

5.5.2.4 规划布局

使用PLUS模型来实现一定数量绿色空间的布局优化。构建包括通风阻力因子和生物迁徙阻力因子的综合阻力面，识别2035年的绿色空间的优先分布区域，并以此调控2035年绿色空间分布概率。根据绿色空间最优数量和调整后的绿色空间发展概率，使用PLUS模型模拟预测2035年北京市绿色空间布局的优化结果，呈现"环+辐射"网络结构特征。需要指出的是，由于土地利用模拟预测还受到众多驱动因素的影响，模拟的碳抵消能力可能与预测结果存在偏差。

思考题

1. 如何通过优化城乡蓝绿空间布局来提高城市的碳汇效率？
2. 城乡蓝绿空间在碳足迹评价中的作用是什么？如何利用城乡蓝绿空间实现"双碳"目标下的城市绿色低碳建设？
3. 蓝色空间和绿色空间在碳汇潜力方面有何不同？如何充分利用它们的碳汇潜力服务碳减排、碳中和目标？
4. 如何利用模拟量化研究方法，优化城乡蓝绿空间的布局？

拓展阅读

中国生态系统碳收支及碳汇功能：理论基础与综合评估. 于贵瑞，何念鹏，王秋凤. 科学出版社，2013.

参考文献

程豪，2014. 碳排放怎么算——《2006年IPCC国家温室气体清单指南》[J]. 中国统计（11）：28-30.
方精云，郭兆迪，朴世龙，等，2007. 1981—2000年中国陆地植被碳汇的估算[J]. 中国科学（D辑：地球科学），37（6）：804-812.
龚泊舟，2023. 基于CASA模型的昆明市土地利用变化与陆地生态系统植被碳汇量研究[D]. 昆明：云南财经大学.

郭铌，2003. 植被指数及其研究进展[J]. 干旱气象（4）：71-75.

韩明臣，李智勇，2011. 城市森林生态效益评价及模型研究现状[J]. 世界林业研究，24（2）：42-46.

韩笑，单峰，贾茵，等，2021. 新时期城市园林绿化评价指标研究——以徐州市为例[J]. 中国园林，37（12）：20-25.

侯红艳，戴尔阜，张明庆，2018. InVEST模型应用研究进展[J]. 首都师范大学学报（自然科学版），39（4）：62-67.

荆贝贝，杜安，2022. 上海城市绿色空间碳汇评估及提升策略[J]. 中国国土资源经济，35（4）：64-72.

李禅，肖百霞，2022. 国土空间规划中广东省"碳达峰、碳中和"目标的传导路径研究[J]. 规划师，38（7）：66-71.

刘常富，何兴元，陈玮，等，2008. 基于QuickBird和CITYgreen的沈阳城市森林效益评价[J]. 应用生态学报，（9）：1865-1870.

曲福田，卢娜，冯淑怡，2011. 土地利用变化对碳排放的影响[J]. 中国人口·资源与环境，21（10）：76-83.

滕明君，周志翔，岳辉，等，2012. 低碳园林的生态学途径[J]. 中国园林，28（4）：40-43.

王敏，朱雯，2021. 城市绿地影响碳中和的途径与空间特征——以上海市黄浦区为例[J]. 园林，38（10）：11-18.

徐可西，詹冰倩，姜春，等，2024. 碳排放约束下的城市空间格局优化：理论框架、指标体系与实践路径[J]. 自然资源学报，39（3）：682-696.

杨磊，李贵才，林姚宇，等，2011. 城市空间形态与碳排放关系研究进展与展望[J]. 城市发展研究，18（2）：12-17，81.

杨元合，石岳，孙文娟，等，2022. 中国及全球陆地生态系统碳源汇特征及其对碳中和的贡献[J]. 中国科学：生命科学，52（4）：534-574.

殷鸣放，杨琳，殷炜达，等，2010. 森林固碳领域的研究方法及最新进展[J]. 浙江林业科技，30（6）：78-86.

殷楠，王帅，刘焱序，2021. 生态系统服务价值评估：研究进展与展望[J]. 生态学杂志，40（1）：233-244.

于贵瑞，何念鹏，王秋凤，2013. 中国生态系统碳收支及碳汇功能：理论基础与综合评估[M]. 北京：科学出版社.

于洋，干昕歌，2021. 面向生态系统服务功能的城市绿地碳汇量估算研究[J]. 西安建筑科技大学学报（自然科学版），53（1）：95-102.

张扬，郑凤娇，刘艳芳，等，2022. 基于POI与不透水表面指数的城市建成区提取[J]. 地理科学，42（3）：506-514.

赵荣钦，陈志刚，黄贤金，等，2012. 南京大学土地利用碳排放研究进展[J]. 地理科学，32（12）：1473-1480.

赵荣钦，黄贤金，揣小伟，2016. 中国土地利用碳排放的研究误区和未来趋向[J]. 中国土地科学，30（12）：83-92.

仲晓雅，闫庆武，厉飞，等，2021. 一种面向城市收缩地区的DMSP/OLS夜间灯光影像多年连续校正方法[J]. 地理与地理信息科学，37（6）：46-51，140.

周健，肖荣波，庄长伟，等，2013. 城市森林碳汇及其核算方法研究进展[J]. 生态学杂志，32（12）：3368-3377.

赵荣钦，黄贤金，2013. 城市系统碳循环：特征、机理与理论框架[J]. 生态学报，33（2）：0358-0366.

黄贤金，2013.《城市系统碳循环及土地调控研究》评述[J]. 地理学报，68（6）：872.

朴世龙，何悦，王旭辉，等，2022. 中国陆地生态系统碳汇估算：方法、进展、展望[J]. 中国科学：地球科学，52（6）：1010-1020.

尹锴，田亦陈，袁超，等，2015. 基于CASA模型的北京植被NPP时空格局及其因子解释[J]. 国土资源遥感，27（1）：133-139.

邹天娇，倪畅，郑曦，2020. 基于CA-Markov和InVEST模型的土地利用格局变化对生境的影响研究——以北京浅山区为例[J]. 中国园林，36（5）：139-144.

帕茹克·吾斯曼江，艾东，方一舒，等，2024. 基于InVEST与CA-Markov模型的昆明市碳储量时空演变与预测[J]. 环境科学，45（1）：287-299.

刘常福，何兴元，陈玮，等，2008. 基于Quick Bird和CITY green的沈阳城市森林效益评价[J]. 应用生态学报（9）：21-25.

王子尧，孟露，李倞，等，2023. 低碳发展背景下北京市土地利用与生态系统服务多情景模拟研究[J]. 生态学报，43（9）：3571-3581.

杨国清，刘耀林，吴志峰，2007. 基于CA-Markov模型的土地利用格局变化研究[J]. 武汉大学学报（信息科学版）（5）：414-418.

于洋，王昕歌，2021. 面向生态系统服务功能的城市绿地碳汇量估算研究[J]. 西安建筑科技大学学报（自然科学版），53（1）：95-102.

朱文泉，潘耀忠，张锦水，2007. 中国陆地植被净初级生产力遥感估算[J]. 植物生态学报（3）：413-424.

AKBARI H，2002. Shade trees reduce building energy use and CO_2 emissions from power plants[J]. Environmental pollution，116：119-126.

EGGLESTON H S，BUENDIA L，MIWA，et al.，2006. 2006 IPCC Guidelines for National Greenhouse Gas Inventories[R]. The Intergovernmental Panel on Climate Change，Japan.

Chen S T，Huang Y，Zou J W，et al.，2012. Interannual variability in soil respiration from terrestrial ecosystems in China and its response to climate change[J]. Science China Earth Sciences，55：2091-2098.

Cui Y，Khan S U，Deng Y，et al.，2021. Regional difference decomposition and its spatiotemporal dynamic evolution of Chinese agricultural carbon emission：considering carbon sink effect[J]. Environmental Science and Pollution Research，28（29）：38909-38928.

EWING R，RONG F，2008. The lmpact of Urban Form on us Residential Energy Usel[J]. Housing Policy Debate，19（1）：1-30.

LEVIN N，KYBA C C M，Zhang Q，et al.，2020. Remote sensing of night lights：a review and an outlook for the future[J]. Remote Sensing of Environment，237（C）：111443-111459.

Liu Y，Xia C，Ou X，et al.，2023. Quantitative structure and spatial pattern optimization of urban green space from the perspective of carbon balance：a case study in Beijing，China[J]. Ecological Indicators，148：110034.

Yang G，Yu Z，JØRGENSEN G，et al.，2020. How can urban blue-green space be planned for climate adaption in high-latitude cities? a seasonal perspective[J]. Sustainable Cities and Society，53：101932.

第 6 章 城乡蓝绿空间设计碳足迹评价与应用

> **学习重点**
> 1. 了解设计阶段下碳循环的基本概念、森林与湿地生态系统的内循环过程；
> 2. 了解评价城乡蓝绿空间碳足迹的常用方法和模型。

碳足迹的考虑在风景园林中至关重要，科学设计增强城乡蓝绿空间碳汇能力可抵消后续建造运营施工阶段中的碳排放，本章重点探讨了在设计阶段下城乡蓝绿空间碳足迹评价的目标、内容、评价方法及应用。基于固碳增汇设计途径从乡土植物、植物配置揭示植物群落碳储量的影响因素及其变化规律，探讨通过提升植物群落碳储量和生态调节功能来优化设计。通过对成都绿色空间与石家庄蓝色空间的碳足迹评价，展示如何在设计阶段有效实现碳足迹评价与减排目标，提升碳汇能力，从而为高碳汇植物群落营建提供科学依据。

6.1 城乡蓝绿空间设计与碳足迹评价

6.1.1 城乡蓝绿空间设计碳足迹评价的重要意义

（1）增强城乡蓝绿空间碳汇能力

根据英国石油公司（BP）《世界能源统计年鉴》数据，2020年亚太地区碳排放量占全球总排放量的52%，其中中国的排放量占比高达30.7%，已超过美国成为全球碳排放总量最高的国家，而中国的人均排放量也已高于全球平均水平。这一严峻的形势使得中国面临着巨大的减排压力，而增强城乡蓝绿空间的碳汇能力则成为应对气候变化、实现低碳发展的重要途径。

森林生态系统以其茂密的植被和强大的生命力，成为城市碳汇的主力军。树木通过光合作用吸收大气中的CO_2，并转化为有机物质储存在体内，从而有效地减少温室气体含量。此外，森林还能保持水土、调节气候、维护生物多样性，为城市的可持续发展提供坚实的生态基础。通过科学规划和精心管理，可以进一步提升森林生态系统的碳汇能力，为城市的生态环境改善和低碳发展贡献力量。

湿地生态系统同样具有显著的碳汇效应。湿地中的水生植物、微生物和土壤等通过一系列生物地球化学过程，将大气中的碳固定在沉积物中，形成稳定的碳库。这种自然的碳储存机制不仅有助于减缓全球变暖的速度，还能为城市提供清新的空气和宜人的环境。同时，湿地还能净化水质、调节洪水、提供生物栖息地等，为城市的生态平衡和生物多样性保护发挥重要作用（骆天庆，2015）。

（2）改善生态环境

随着中国经济高速发展和人口压力剧增，人类活动对环境的干扰日益突出，导致陆地生态系统及其状态千差万别，生态系统碳循环过程极为复杂。因此，开展森林生态系统和湿地生态系统碳循环与碳收支研究对于提升我国生态系统生态学、全球变化科学以及地球系统科学的科技创新能力至关重要。此外，这项研究也是我国应对全球气候变化、改进生态系统管理、保障生态安全的迫切需求。中国社会经济发展面临着资源短缺和生态环境破坏等问题，经济发展与资源环境保护的矛盾日益突出。如何协调经济发展、资源保障和生态安全成为中国经济发展的瓶颈性问题。特别是在气候变化的影响下，中国的资源、生态和环境状况已经发生了重大改变，对经济发展和生态安全形势产生了重大影响。

城乡蓝绿空间设计在这种情况下尤为重要。通过增加森林生态系统和湿地生态系统的面积和质量，城乡蓝绿空间设计可以增加碳吸收和储存量，减少碳排放，改善空气质量，管理水资源，保护生物多样性等。因此，开展陆地生态系统碳循环与碳收支评估研究，不仅是增加陆地碳汇、适应气候变化、减缓减排压力的需求，同时也是改善生态系统管理、保障生态安全、维持社会可持续发展的重大利益需求（于贵瑞 等，2013）。

6.1.2 城乡蓝绿空间碳循环基本原理

6.1.2.1 基本概念

生物量 是在一定时间内，生态系统中某些特定组分在单位面积上所产生物质的总量，是指某一时刻单位面积内实存生活的有机物质（干重）（包括生物体内所存食物的重量）总量，通常用kg/m^2或t/hm^2表示。

地上生物量 是指土壤以上的所有草本活体植物和木本活体植物生物量，包括茎、枝、死木、树皮、籽实和叶。

地下生物量 是指所有活根生物量（包括根状茎、块根和板根）。直径不足2mm的细根有时不计在内，因为往往不能凭经验将它们与土壤有机质或枯枝落叶相区分。

森林生物量　是森林植物群落在其生命过程中所产干物质的累积量。森林生物量包括乔木、灌木、草本植物、苔藓植物、藤本植物及凋落物生物量等。乔木层的生物量是森林生物量的主体，一般占森林总生物量的90%以上。

生物量增量　是指树木、林分或森林（出材）年净增量的烘干质量。

光合速率　是指光合作用固定CO_2（或产生氧）的速度，又称"光合强度"。CO_2的固定速率又称同化速率。光合速率的大小可用单位时间、单位叶面积所吸收的CO_2或释放的O_2表示，也可用单位时间、单位叶面积所积累的干物质量表示。

当植物凋落时，地上生物量会转变成枯枝落叶，而地下生物量会转变成死木。这些枯枝落叶和死木最终会分解，形成土壤有机质，完成碳的循环过程，图6-1中的箭头表示碳从一个环节流向另一个环节的路径，体现了碳在城乡蓝绿空间中的流动和转换。

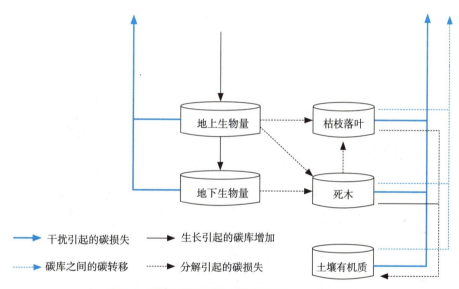

图6-1　碳库的划分及其相互关系（IPCC，2006）

6.1.2.2　蓝绿空间碳收支的生命周期

对森林生态系统与湿地生态系统而言，各种途径的碳储量和碳通量也具有一定的生命周期，碳在森林生态系统中流通、存储的过程和周期不同，会对森林碳循环和碳流通过程产生不同的影响。

各种碳储存方式的周期不同。碳储存时间最长的为水体的碳储存，如藻类和水生生物死亡之后沉积进入底泥，会转变为非常稳定的碳库，经过漫长的地质时间或地壳变动才会被重新释放出来；土壤碳库一般也相对稳定，土壤呼吸作用会释放一部分碳，但地表的枯枝落叶也会不断补充土壤碳库，使其总体上保持一定水平；相对而言，城市植被的碳储存周期一般为几十年时间，这与林木的砍伐更新周期有关（图6-2）（黄贤金，2013）。

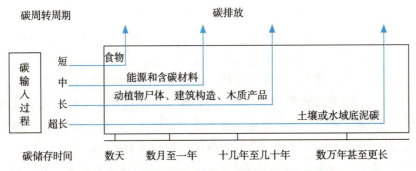

图 6-2　森林绿地碳储量和碳通量的生命周期分析（黄贤金，2013）

湿地生态系统作为城乡蓝绿空间中的重要组成部分，参与着碳的循环过程。湿地可以作为碳汇吸收CO_2，还可以作为碳库，储存大量有机碳，同时，湿地生态系统也会释放一部分碳，如通过植被的呼吸作用和有机物的分解过程（图6-3）。

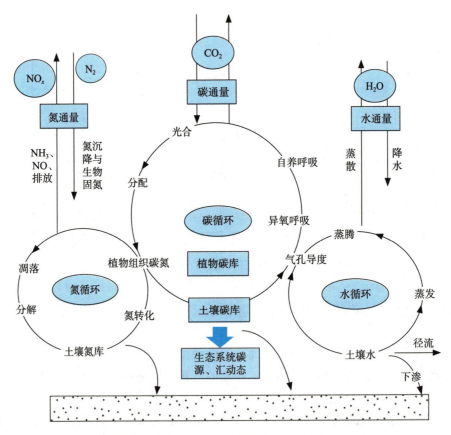

图 6-3　湿地生态系统碳循环分析（于贵瑞 等，2013）

在设计尺度下的蓝绿空间碳收支主要关注具体植物、水系的固碳能力和碳排放量，主要通过控制植被组成、结构，以及湿地水系碳汇量、景观用水的碳排放量等方式，优化蓝绿空间碳收支过程。蓝绿空间中的植物通过捕捉并吸收大气中的CO_2形成碳水化合物和有机物质，并将其固定在植被和土壤中，同时通过植物光合作用释放O_2，从而减少大气中CO_2浓度。特别是城市湿地、水系中植物同化吸收的碳源超过其分解过程释放的碳,从而形成大量有机碳的积累,在城乡蓝绿空间碳收支中起着重要作用。与此同时,蓝绿空间建造运营环节的碳排放、原材料获取过程中的碳排放等也是城乡蓝绿空间碳收支组成部分。

此外,蓝绿空间的固碳增汇过程还涉及植物直接吸收存储的CO_2,需要关注蓝绿空间缓解城市热岛效应、促进通风等间接减排作用。

(1)城乡绿色空间——以森林生态系统为例

森林碳汇就是森林通过光合作用,吸收CO_2形成碳水化合物和有机物质,将碳汇集固定到森林植物和森林土壤中。不管森林培育目的如何,都要通过各种措施提高森林的光合作用能力,来增加单位面积森林的生长量或生物量。光合能力强的森林,它的生长量和生物生产力就高,固碳效果好。森林通过光合作用所同化的碳被固定在森林生物量(包括木材、树皮、枝条、根系、叶、花、果)中,其中一部分被木材利用而保留下来,其他生物量如枝、叶、根等大多留在林地中,部分被转化为土壤腐殖质,保留在土壤中(图6-4)。因此,森林培育的重要目标之一就是要吸收汇集更多的CO_2,将碳储存在森林中,以此来减少空气中CO_2含量,以应对因温室气体排放过多而造成的全球气候变化(刘于鹤 等,2011)。

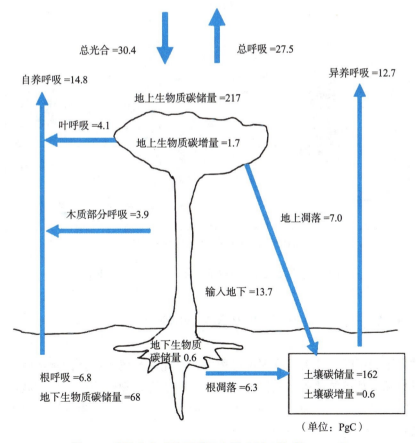

图6-4 森林生态系统固碳示意图(刘于鹤 等,2011)

（2）城乡蓝色空间——以湿地生态系统为例

湿地在全球碳循环中发挥着重要作用。由于其特殊的生态特性，湿地在植物生长、促淤造陆等生态过程中积累了大量的无机碳和有机碳。湿地的碳循环主要包括两个基本过程：一是湿地植物通过光合作用固定大气中的CO_2，并形成总初级生产力；二是植物死亡后的残体在微生物的作用下分解转化，一部分转化成颗粒有机碳，一部分转化成可溶性有机碳，这些有机碳经过化学作用，部分形成泥炭沉积下来。在湿地环境中，微生物活动弱，土壤吸收和释放CO_2十分缓慢，形成了富含有机质的湿地土壤和泥炭层，起到了固定碳的作用。湿地通过湿地植物的光合作用、CO_2在水中的溶解以及碳酸盐在土壤中的沉积吸收碳，而通过湿地动植物的呼吸作用、有机物分解释放的甲烷（俗称沼气）、溶解有机碳被还原后向大气中的扩散的CO_2释放碳。湿地的碳循环可参考图6-5。有机物通过有氧呼吸实现能量转化，而湿地主要以厌氧条件为主，发酵和CH_4生成是两个最主要的厌氧过程。发酵过程通常由湿地中的厌氧菌来参与完成，而CH_4的生成也需要一些细菌（甲烷菌）参与完成（刘于鹤 等，2011）。

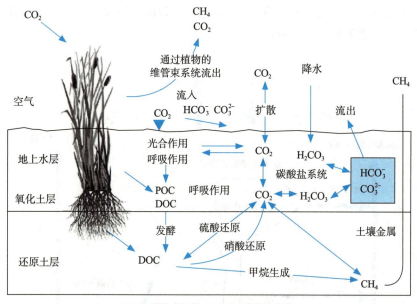

POC：颗粒有机物　DOC：溶解有机物

图 6-5　湿地生态系统碳的转化（刘于鹤 等，2011）

6.1.3　城乡蓝绿空间设计流程和碳评价

在城乡蓝绿空间设计碳足迹评价过程中，首先进行场地调查，测量城乡蓝绿空间中的关键指标，如植被覆盖率和树木胸径等。其次进行现状分析，评估城乡蓝绿空间的现状，特别是关注其作为碳汇的潜力。最后进行设计分析，根据评估结果选择适宜的低碳植物，并结合海绵城市原则进行植物配置，以优化城乡蓝绿空间的结构，从而达到降低碳排放、提高碳吸收能力的目的（黄贤金，2013）（图6-6）。

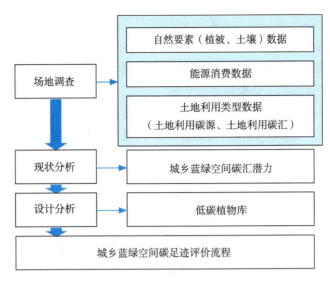

图 6-6　城乡蓝绿空间碳足迹评价流程

6.2　面向设计的城乡蓝绿空间碳足迹评价

6.2.1　评价目标

城市作为各种能源消耗的载体，近年来出现了许多城市气候问题，如热岛效应。如何缓解城市气候变化，实现碳中和目标，促进低碳城市建设是当今风景园林界需要着眼的研究方向。而低碳视角下的城乡蓝绿空间设计是为了减少石化能源的使用，促进新型能源的最大化使用，在景观的设计、施工及后期养护的整个生命周期降低温室气体排放。在风景园林的各个环节中注重能耗的排放，使各为一体的设计、施工、养护联结成完整的系统，做到在整个周期均达到低碳要求，真正意义地实现景观的低碳化。

在项目设计中不考虑碳足迹就会导致其过程中碳排放量远大于项目生命周期运转中所释放的O_2量。在风景园林设计前期，需要材料制造商提供建造材料的碳足迹报告，在设计初期将建设周期的碳足迹考虑进整个项目的碳排放计算中。通过科学的设计及材料的应用可以抵消项目施工过程中所产生的碳排放，同时减少碳足迹的产生（唐莹莹，2022）。因此，在风景园林设计中对于碳足迹、碳排放的思考是不可或缺的。

通过对小尺度蓝绿空间的碳足迹进行精确评价，以深入了解绿地内部的碳源和碳汇分布，揭示绿地植物、土壤、水体等要素在碳循环中的作用，为优化绿地设计、提升绿地碳汇能力提供科学依据，实现宏观尺度城市资源的整合梳理，将城市绿化资源优化配置，创造绿色低碳高质量发展的新空间。小尺度蓝绿空间的设计可以改善当地植被，减少碳排放，增强城市绿地网络，在城市人口密度大的条件下满足人们对自然环境的需求。加快实现城市生产、生活方式绿色变革，快速提升碳减排水平，碳足迹评价可以引导我们在设计阶段就充分考虑绿地的碳减排潜力，通过优化绿地布局、选择低碳材料和植物种类等方式，降低绿地建设和维护过程中的碳排放，推动城市资源高效利用和绿色低碳发展，以确保我国如期实现"双碳"目标。其中，城市绿地是利用植物、水体等构建的城市自然景观，是重要的自然碳汇载体。在进行风景园林设计时应考虑不同植物的固碳能力，可以通过植物配置与绿化空间设计优化来提升绿色植物的碳汇能力。评价目标主要聚焦于以下两个方面：

明确设计阶段对碳足迹的影响 评价的首要目标是识别和量化设计决策对碳足迹的直接和间接影响，包括分析设计方案中的植物材料选择、空间布局等因素，以及这些因素如何影响整个生命周期的碳排放。通过明确设计阶段的影响，可以为后续的优化和减排提供方向。

指导低碳设计策略的制定 评价目标在于通过深入分析设计阶段的碳足迹，提出针对性的低碳设计策略，包括优化布局、选择低碳材料等。通过制定这些策略，可以在设计阶段就有效地降低碳足迹，为后续的建造和运营阶段奠定坚实的基础。

6.2.2 评价原理

6.2.2.1 植物的固碳能力

植物固碳能力 即树木同化CO_2的能力，也就是树木的净光合作用效力。树木生长的过程是碳素化合物的积累，这些碳素化合物最终来自由光合作用所固定的CO_2。植物光合作用同化CO_2的量与该植物干重的积累有关，同时也受水分和土壤中的矿物质元素等因素影响，常通过树木长势和生物量大小判断植物的固碳能力。

生物量 即林木有机物质总量（干物质）（吨干物质/m^3）。乔木与灌木、针叶与阔叶、常绿与落叶、速生与慢生、喜光与耐阴树种的单位叶面积上的光合速率不同，因此不同树种的生长速率和生长量不同。例如，杉木、马尾松等针叶树的光合速率通常较低，杨树等速生阔叶树的光合速率较高，同一树种的不同品种也有所区别。但同一株树木实际吸收CO_2的能力还取决于树木的叶面积量。例如，白皮松的单位叶面积光合速率较低，但因其叶面积量大，每日吸收的CO_2量较高。而一些灌木因为植株低矮，叶面积量小，因此吸收CO_2量不及乔木。

植物通过光合作用的固碳能力除了与树种、品种有关以外，还与其树冠的受光位置、树叶的年龄以及树木本身的年龄有关。植物从幼龄到中龄到老龄由于发育状况不同，光合速率也有差别。幼林生长较慢；中龄林生长速率最快，生长量最大；近熟和成熟林，生长速率和生长量逐渐下降。这一规律也明显地反映到树木不同年龄阶段的光合速率上。同时，在一株树上，不同的树冠部位，树木周围的光照、温度、CO_2浓度等环境因子，也影响植物固碳能力的变化。

植物是个体，而在公园、绿地等蓝绿空间往往以群落形式存在。群落结构、绿量和光能利用、树种组成和群落结构都会影响碳汇能力。适宜的郁闭度、透光度也能够提高光合生产率，从而提升植物群落的固碳能力（刘于鹤 等，2011）。

叶龄与固碳能力 不同叶龄由于叶组织衰老程度不同，在生理上活跃程度也不同（图6-7）。1龄叶（当年生叶）光合能力较强，2龄叶稍弱，3龄叶较低。18年生的杉木人

工林林木，根据在生长季盛期、中期和后期测定的结果，在树冠上部1年生叶、2年生叶、3年生叶净光合速率均值分别为7.20、5.56和4.48μmol CO_2/（m^2·s），如果把1年生叶的净光合速率视为100%，那么2年生叶为77%，3年生叶为62%。同一林木同一叶龄在不同树冠部位光合速率也不同。如在杉木林林木树冠中部，由于在林冠下光照强度较弱，3种叶龄的净光合速率均比树冠上部有下降，1龄、2龄、3龄叶净光合速率分别为6.38、5.11和4.36μmol CO_2/（m^2·s）。树冠下层则降得更低（刘于鹤 等，2011）。

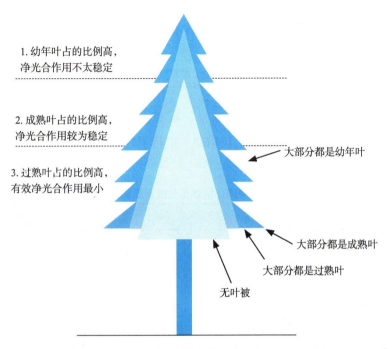

图6-7　针叶树树冠不同部分不同叶龄的叶分布（刘于鹤 等，2011）

落叶阔叶树，如杨树从幼龄叶、壮龄叶到衰老叶，光合速率也有很大差别，刚展开的幼龄叶净光合速率为负值，说明刚展开的叶完全是营养消耗者。当叶片边缘完全展开后净光合速率转变为正值，此时叶片有了剩余的光合产物，随着叶片继续扩展，叶面积不断增加，净光合速率不断提高，在叶片伸展完成，面积达最大时，净光合速率也达到最大。此时为壮龄叶，叶片停止生长后一段时间净光合速率开始下降，叶片转向衰老阶段，一片杨树叶到壮龄叶叶龄为9.5~13.3d，而达衰老阶段叶龄为30d左右（刘于鹤 等，2011）。

<u>树龄与固碳能力</u>　树木是多年生木本，从幼龄到中龄到老龄由于发育状况不同，光合速率也有差别。幼林生长较慢；中龄林生长速率最快，生长量最大；到近熟和成熟林，生长速率和生长量逐渐下降。这一规律也明显地反映到树木不同年龄阶段的光合速率上（表6-1）。如5年、10年、15年、19年生杉木光合速率分别为2.50、2.60、2.20和2.10μmol CO_2/（m^2·s）。长白落叶松5年、10年、14年、21年、24年5个年龄段光合速率分别为6.64、8.81、4.15、2.50和2.00μmol CO_2/（m^2·s）。这2种树种幼龄时光合速率低，10年生光合速率最高，14~15年及以后光合速率逐渐下降，到近熟林时，光合速率只2.00~2.10μmol CO_2/（m^2·s）（刘于鹤 等，2011）。

表 6-1　各种植栽单位面积 CO_2 固定量（骆天庆，2015）

植栽类型		CO_2固定量G_i（kg/m²）	覆土深度（m）
生态复层	大小乔木、灌木、花草密植混种区（乔木间距3.0m以下）	1200	
乔木	阔叶大乔木	900	1.0以上
	阔叶小乔木、针叶乔木、疏叶乔木	600	
	棕榈类	400	
	灌木（每平方米至少植栽4株以上）	300	0.5以上
	多年生蔓藤	100	
	草花花圃、自然野草地、水生植物、草坪	20	0.3以上

常用固碳释氧能力　目前研究分别对17种常用绿化植物单位叶面积固碳释氧量（表6-2）和单位土地面积固碳释氧量（表6-3）进行了计算（熊向艳，2014）。

表 6-2　17种常用绿化植物单位叶面积固碳释氧能力

类型	物种	P [mmol/（m²·d）]	W_{CO_2} [g/（m²·d）]	W_{O_2} [g/（m²·d）]
乔木	毛白杨	140.32	6.17	4.49
	旱柳	313.96	13.81	10.05
	洋白蜡	239.24	10.53	7.66
	洋槐	195.59	8.61	6.26
	白玉兰	248.23	10.92	7.94
	二球悬铃木	283.96	12.49	9.09
	龙爪槐	276.08	12.15	8.83
	银杏	177.45	7.81	5.68
	油松	288.31	12.69	9.23
灌木	紫叶李	209.28	9.21	6.70
	连翘	101.28	4.46	3.24
	金银木	99.88	4.39	3.20
	大叶黄杨	211.48	9.31	6.77
	金叶女贞	204.36	8.99	6.54
草本植物	鸢尾	144.08	6.34	4.61
	紫羊茅	291.34	12.82	9.32
	草地早熟禾	66.33	2.92	2.12

注：P 为植物的同化总量；W_{CO_2} 为单位叶面积固碳量；W_{O_2} 为单位叶面积释氧量。

表 6-3 17种常用绿化植物单位土地面积固碳释氧能力

类型	物种	LAI	Q_{CO_2} [g/(m²·d)]	Q_{O_2} [g/(m²·d)]
乔木	毛白杨	4.95	30.56	22.23
	旱柳	4.31	59.54	43.30
	洋白蜡	4.14	43.58	31.70
	刺槐	5.59	48.11	34.99
	白玉兰	3.16	34.51	25.10
	二球悬铃木	7.42	92.71	67.42
	龙爪槐	3.06	37.17	27.03
	银杏	5.25	40.99	29.81
	油松	6.12	77.64	56.46
灌木	紫叶李	3.57	32.87	23.91
	连翘	5.49	24.47	17.79
	金银木	4.04	17.76	12.91
	大叶黄杨	3.74	34.80	25.31
	金叶女贞	3.08	27.69	20.14
草本植物	鸢尾	4.11	26.05	18.95
	紫羊茅	1.58	20.25	14.71
	草地早熟禾	3.77	11.00	8.00

注：LAI为叶面积指数；Q_{CO_2}为单位土地面积固碳量；Q_{O_2}为单位土地面积释氧量。

结果表明，在引入叶面积指数后，植物单位土地面积固碳释氧量与单位叶面积固碳释氧量相比明显不同。其中，二球悬铃木单位叶面积固碳量和释氧量虽不是最高，分别为12.49和9.09g/(m²·d)，但其叶面积指数为7.42，远高于其他植物，使得其单位土地面积固碳释氧量大大提高，因此是植物配置较好的选择。而紫羊茅单位叶面积固碳量和释氧量虽较高，分别为12.82和9.32g/(m²·d)，但其叶面积指数为1.58，远低于其他植物，使得其单位土地面积固碳释氧量大大降低。单株植物叶面积和叶面积指数反映树木叶片的疏密程度，叶面积指数越大，说明单位土地上的叶面积越多，叶片的层叠程度越大，对光能可形成多层利用，减少光能的浪费。因此，整株植物的固碳释氧能力不仅取决于植物白天的净光合速率和夜间呼吸速率，还取决于该树种叶面积指数。而对绿化植物而言，人工修剪量、年度凋落量和动物取食量也是重要影响因素。

6.2.2.2 湿地水系的碳汇与碳排

湿地水系中的植物通过光合作用吸收大气中的CO_2，并将其转化为有机质。湿地水系的土壤因长期处于水分过饱和状态而具有厌氧的特性，土壤中微生物以嫌气菌类为主，活动相对较弱，植物死亡后的残体经腐殖化作用和泥炭化作用形成腐殖质和泥炭，由于得不到充分的分解，经长年累积逐渐形成富含有机质的湿地土壤。

湿地水系也是温室气体的源，土壤中的有机质经微生物矿化分解产生的CO_2和在厌氧环境下经微生物作用产生的甲烷，被直接释放到大气中。受植被类型、地下水位和气候等方面的影响，不同类型湿地的碳循环和温室气体排放存在很大差异。而且，温度和水文周期变化也可以改变植物光合作用的碳吸收与呼吸作用的碳释放之间的平衡，进而影响湿地水系的碳排和碳汇平衡。但大多数研究表明，湿地水系的固碳量远高于碳排放量，有机质被大量储存在土壤中，湿地植物净同化的碳仅有15%被释放到大气，是平衡大气中含碳温室气体的贡献者，也是蓝绿空间中重要的有机碳库。但与此同时，蓝绿空间用水过程中的污水处理、水再生处理、运输、排放过程中的碳排放，也应当计入全生命周期碳排放计算之中。

6.2.3 评价内容

6.2.3.1 蓝绿空间的碳储量调控

在吸收和储存碳方面，设计师可以积极引入先进的碳吸收和储存技术，如碳捕捉和储存技术以及生物质能利用等。这些技术可以有效地将大气中的CO_2转化为可储存的形式，或者通过生物质的生长和转化过程将碳固定在生物体内，从而实现碳的循环利用。绿地是城市生态系统的重要载体，生物群落在不同时间尺度下大量吸收CO_2并储存转化为有机物，成为绿地影响碳中和的最直接途径，主要包括2种方式：①植物通过叶片的光合作用固定CO_2、积累净碳量；②城市绿地范围内的土壤，依托植物光合作用、分解作用等，以有机物和无机物的形式储存碳，形成土壤碳库。对于城市绿地碳汇的研究，多以碳储量、碳密度等表征绿色碳汇能力，其中碳密度是指经过植物、土壤和大气中连续的碳交换，植物叶片、木质部分和土壤养分单位面积上的碳存储量，反映了绿地空间的林分质量与植被、土壤的生物学特性相关，并受人为活动干扰程度和绿地维护管理水平影响。相关研究表明，受气孔导度、叶面温度、胞间CO_2浓度等生物学特征的影响，在不同生命周期阶段中，不同类型的植物的单位叶面积光合量呈现一定差异。在人为活动的干扰下，土壤层次结构、温度、湿度等也会显著影响微生物分解枯枝落叶的活性。而碳储量则是指植物和土壤的碳储存总量，与地下生物量、地上生物量、枯落物和土壤有机质碳库等密切相关，反映了绿地碳库的大小。

6.2.3.2 蓝绿空间的间接减排作用

城市绿地能够有效缓解城市热岛、降低城市能耗，从而实现间接减排。IPCC的研究报告显示，能源消耗是城市主要的碳排放领域，而热岛效应是影响能耗的重要因素。尤其在夏季，气温升高会导致城市耗电量大幅提升，促使温室气体排放增加，加剧热岛效应和能源消耗。因此，减缓热岛效应是实现城市碳中和的重要途径。研究表明，绿地能降低一定范围内的环境气温，有效缓解城市热岛效应，植被覆盖率每提高10%，热岛强度约下降1.1℃。在微观尺度下，绿地植被一方面可通过树冠遮挡阳光减少地面吸收的热量；另一方面通过蒸腾作用，水经过叶片的气孔和角质层以气态形式散发到空气中，吸收周围环境中的热量进而降低温度、增加湿度，提高城市环境舒适度。受物种生态学特征的影响，不同植物的单位叶面积日蒸腾量存在差异，对周围的降温增湿作用强度也不同。在宏观尺度下，可通过构建通风廊道，优化城市风环境，促进城市绿地格局优化，进而缓解城市热岛效应。对于绿地降温减排效能的量化评估，有研究已借助定量计算证实了城市微气候能显著减少建筑能耗。基于此，研究表明结合城市绿地降温幅度与居民用电量估算，在街区尺度测算出2015年上海市黄浦区城市绿地的减排效能在0~55.12t/hm^2；计算出2017年上海城市绿地可节约夏季空调能耗的经济价值为14.57亿元。识别植物群落并不仅是对现有植物资源的了解和利用，还涉及对设计区域内生态系统的全面分析。这包括了解当地植物群落的分布、种类和生长状况，以及它们对CO_2的吸收和储存能力。通过合理规划和布局植物群落，可以最大限度地提高设计方案的碳汇能力，实现生态环境的优化。

6.2.3.3　蓝绿空间的碳汇绩效评价

量化评估指标是碳足迹评价的关键环节。为了准确评估设计方案的碳足迹，需要建立一套完善的评估体系和标准。包括确定评估范围、选择适当的评估方法、设定合理的评估指标等。同时，还需要收集和分析大量的数据，以确保评估结果的准确性和可靠性。此外，碳足迹评价还需要考虑设计方案的可持续性。我们需要关注设计方案对环境的长期影响，以及如何在满足功能需求的同时降低对环境的负面影响。这涉及对设计方案的生命周期进行全面分析，包括从原材料的获取到产品的废弃处理等各个环节。绿地作为重要的休闲游憩场所，进行城市公园绿地和其他小微绿地的合理布置以及品质优化，也是促进"双碳"目标实现的重要举措。

基于上述研究可知，城市绿地空间特征与城市碳中和存在紧密联系。其中，固碳增汇为实现减少碳排放的最直接作用途径，而降温减排、绿色慢行则要借助改善热岛效应、提升城市低碳交通方式比例实现减碳排，是两个间接作用途径。其中，总体规模特征是绿地的量级指征，主要指的是一定区域内城市绿地覆盖面积的大小，是绿色生物量的基本指征；分布格局特征是指在宏观层面，不同类型绿地在城市空间中的整体结构特征和与城市建设用地的空间关系，影响了绿地的连通性、可达性和空间公平性；几何形态特征则主要基于景观格局指数对绿地空间的几何形态进行表征；植物配置特征主要包括绿地内部植物的种类、年龄、规格、群落特征等，多是从微观视角对绿地植物类型和群落结构进行三维表征；场地使用特征则是从使用者的感知体验出发，对绿地空间的设施品质、景观风貌等进行评价，以表征绿地空间对于居民身心健康的积极效应。具体特征指标介绍见表6-4所列。

在降低城市碳排放的需求与进行城乡蓝绿空间设计的碳足迹需求双重因素下，小尺度绿地体现出重要的价值。小尺度绿地在城乡蓝绿空间中分布广、类型丰富，在过去10年间，全球28个特大城市绿地覆盖率总体增长4.11%，所增绿量多由中小尺度绿

表 6-4　绿地空间特征指标定义

影响路径	特征指标	定义
固碳增汇	绿地面积	指城市或地区内用于种植绿色植被的土地面积
	绿地率	城市或地区内绿地面积与总用地面积之比，通常以百分比表示
	绿化覆盖率	城市或地区内被植被覆盖的区域与总面积的比例，包括绿地、绿化带、林地等，通常以百分比表示
	三维绿量	城市或地区内不同高度（地面、建筑物、林冠等）绿色植被的总量
	归一化植被指数	一种通过遥感技术测量植被覆盖程度的指标，利用不同波段的光谱反射率计算而得，常用于评估植被的生长状况和密度
	植物规格	指植物的尺寸、高度、冠幅等物理特征
	植物群落结构	指植物群落中各种植物个体之间的空间分布、密度、高度分层等结构特征
	叶密度指数	指单位面积内植被叶片的数量或覆盖度，常用于评估植被的密度和生长状况
	郁闭度	指植被覆盖下的地面被植被遮挡的程度，是反映植被茂密程度的指标，通常以百分比表示
降温减排	绿地斑块密度	指单位面积内绿地斑块的数量，通常以每平方千米或每公顷内的绿地数量来表示
	聚集度指数	用于描述绿地斑块的集中程度，是指绿地斑块之间距离的平均值与最大距离之间的比值
	连通性指数	衡量绿地斑块之间的联系程度，即绿地斑块之间的连接性或通行性，通常考虑路径的连通性、距离等因素
	周边用地类型	指绿地斑块周围的土地利用类型，包括建筑用地、农田、水体等
	绿地周长	指绿地斑块的外围边界长度，通常以米或千米表示
	周长面积比	绿地斑块的周长与其面积之比，反映了绿地形态的复杂程度
	形状指数	用于描述绿地斑块形状的指标，常见的形状指数包括紧凑度指数、圆形度指数等，用于衡量绿地斑块的形状规则程度
绿色慢行	整体连通性指数	衡量城市或地区整体交通网络的连通性程度，包括步行、自行车、公共交通等交通方式
	可能连通性指数	指城市或地区内各个区域之间可能实现的交通连通性程度，包括步行和自行车等非机动交通方式
	路网密度	指单位面积内道路的长度，用于描述道路的密集程度
	联结节点比率	衡量步行或自行车网络中联结节点（交叉口、转角等）的比率，用于评估交通网络的连通性和便利性
	乔木覆盖率	指城市或地区内乔木植被的覆盖率，通常以百分比表示
	绿视率	指从一个位置能够看到绿色植被的比例，用于评估城市或地区内的视觉环境质量
	服务设施类型及评价	包括各类为绿色慢行提供服务的设施，如自行车道、人行道、公园等，评价包括设施的数量、质量、覆盖范围等

地贡献（王晶懋 等，2022）。从区域尺度绿地空间的评估成果来看，小尺度绿地更能体现城市绿地空间的生态性与低碳效益，改善小气候的潜力和社会价值较高，并且在尺度、功能方面具有多样性，在规划设计实践中可以灵活应用。目前，国内外现有研究大多关注小尺度绿地的生态效益，对其设计阶段的碳排放和碳汇的研究较少。因此，开展城市小尺度绿地碳平衡研究，对于城乡蓝绿空间的设计具有重要的指导意义。

在小尺度上，我们关注不同蓝绿元素之间的空间相互作用对碳储量的影响过程，这对促进大尺度蓝绿网络的生态服务至关重要。小尺度绿地在城市绿地中分布广、数量多，在全球应对碳排放问题的大背景下对于达成碳中和目标具有重要价值。鉴于既有城市小尺度绿地低碳设计缺乏系统性的指导与流程，以风景园林碳排放和碳汇为切入点，对风景园林设计与使用全过程进行分析，将小尺度绿地在风景园林全生命周期中各个阶段的碳排放和碳汇过程进行量化计算比较，提出改善城市小尺度绿地碳平衡的设计及营建方法，总结针对城市小尺度绿地增加碳汇、减少碳排放的关键性策略，为绿色碳汇网络构建提供科学依据与实践指导。

6.3 面向设计的城乡蓝绿空间碳足迹评价方法

6.3.1 常用评价方法

6.3.1.1 城乡蓝绿空间碳汇量计算

由于城乡蓝绿空间相较于自然系统，存在较多人为干扰而呈现较为复杂的镶嵌分布和植被结构，针对中微观尺度的碳汇计算研究基本方法包括样地清查法、涡度相关法、模型模拟法等。其中，样地清查法的计算思路主要是设立典型样地，收获、测定生物量，进而换算、统计生态系统中的植被、枯落物、土壤等碳库的碳储量，并可通过连续观测来获知一定时期内的储量。涡度相关法是基于微气象学的原理直接对近地气流中输送的CO_2通量进行动态测定，估算陆地生态系统中物质和能量的交换，从而获得系统碳汇量。此外，也有基于生命周期评估，根据植物叶面光合作用能力与日照条件模拟解析，得到植物自幼苗成长至成树的40年之间的CO_2总固定量，来评估绿化的碳汇成效，旨在提供一种便于评估植物对城市碳汇贡献度的换算比例。

街区等中等尺度的蓝绿空间碳汇评估，可根据植物群落类型或绿地设计特征和指标的差别建立绿地碳汇评估模型。例如，选取典型样本区域，通过测定复层结构高度、绿化覆盖率、绿地面积等指标，评估植被生态效益、下垫面构成特征、绿地面积大小等因子对固碳能力的影响作用。

地块或场地等小尺度的蓝绿空间碳汇评估，可通过单位叶面积的净日固碳量以及单位面积上的植物总量（三维绿量），来计算单位面积绿地的固碳能力，进而核算整块绿地的碳汇量。这类模型可消除种植结构和植被绿量差异所导致的碳汇计算误差，可针对不同的植物配置类型或具体的植物品种提出单位面积绿地的固碳量，以准确计算绿地碳汇水平。

在设计层面，蓝绿空间碳汇计算所需的基础数据可分为植物个体和植物群落两个精度层次，可分别对应场地地块和街区尺度。其中，植物个体层次的计算精度高，但因植物品种繁多，基础数据较为复杂，难以全面获取。因此，以植被群落层次的基础数据进行分地块的碳汇估算，进而统计分类绿地乃至整个绿地系统的碳汇水平，是较为恰当的研究方法。对部分碳汇核算结果精度不佳的地块，也可进一步采集植物种类数据，参照碳汇水平较高的绿地地块，研究改进策略。

6.3.1.2 城乡蓝绿空间碳排量计算

城乡蓝绿空间的直接碳排水平可以以其自身作为碳源类型来进行核算，但尚缺少直接有效的绝对量计算方法。可以通过实测法，测量蓝绿空间中排放气体的流速、流量和浓度，用测量所得的数据来统计气体的排放总量，但基础测量数据一般来源于环境监测站的采集样品，数据采集的代表性在很大程度上制约了其应用意义。此外，蓝绿空间的直接碳排主要在建设和养护过程中发生，而其间接碳排水平则混合在其他碳源类型的计算中，很难准确区分，因为可以考虑通过建设、养护过程中的碳排量计算作为补充。

6.3.2 数据收集

6.3.2.1 植物群落样方清查

植被样方调查数据是植物科学数据重要组成部分，是进行植被生态学、地理学、植物学等研究的基础数据，对揭示植被的物种组成与分布格局、结构和功能等具有关键作用。植被样方调查数据是反映区域乃至国家自然资源本底状况的基础数据，对制定生态系统管理政策与发展战略，支撑国家生态文明建设具有重要作用。

植被样方调查数据是针对植物群落的物种组成、群落结构、生物量以及环境因子等，在不同区域以不同尺寸的样方（通常草本样方为1m×1m，灌木样方为5m×5m，乔木样方为20m×30m）为调查单位收集的数据。通过对典型样地中的植被、土壤等碳储量进行测量与分析，得出某时段内碳储量的变化，主要包括生物量法和生物量转换因子法两种。生物量法适用于植株尺度，方法直接，技术简单，因倾向于选取优质绿地进行测定，数值存在高估，不具有代表性；生物量转换因子法适用于小型灌草植被，也可对有资料的城市、国家尺度碳汇量进行估算，但数据资料覆盖不全面，容易导致各区域尺度结果存在偏差。两种方法多使用微观尺度的植物变量进行计算，而植物生长周期是一个漫长的过程，且需要多个清查样地，耗时耗力，工作量较大，但技术成熟、应用面较广。

长期以来，植被样方调查数据缺乏统一的标准和规范，不同的部门和调查人在调查指标、数据规范等方面都存在较大的差异，这也影响了植被样方调查数据的深度集成与广泛应用。2018年，中国科学院启动了战略性先导科技专项"地球大数据科学工程"（CASEarth），在CASEarth的项目"生物多样性与生物安全"支持下，"植被及其生态信息数据库"课题组制定了植被样方调查数据规范，用于收集和整编全国植被样方调查数据。在该工作的基础上，2020年，"第二次青藏高原综合科学考察研究"的"森林和灌丛生态系统与资源管理"专题工作组编写了"青藏高原森林和灌丛调查规范"，对森林和灌丛的调查指标、方法和数据格式等做了详细的规定。

本教材的植被样方标准参考中国科学院植物研究所牵头的中国科学院植物科学数据中心编制的《植被样方调查数据规范》，一般来说样方的面积600m²（重点精查群落为1000m²），常为20m×30m（或20m×50m）的长方形。如实际情况不允许，也可设置为其他形状，但必须由6个10m×10m的小样方组成。一般来说，样方面积有大有小，但这种10m×10m的小样方的面积是固定不变的。以罗盘仪确定样方的四边，闭合误差应在0.5m以内。以测绳或塑料绳将样方划分为10m×10m的样格（图6-8、表6-5）（Jing-Yunf，2009）。

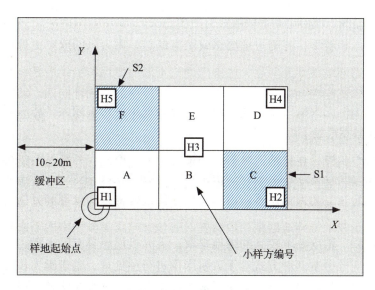

图6-8　森林群落样方设置和样格编号方法

图注：样方面积20m×30m，由6个10m×10m的样格组成；A~F为样格编号；S1和S2（阴影部分）为灌木层调查样格；H1~5为草本调查小样方。样方四边应各留有10~20m以上的缓冲区。

表6-5　样方法相关指标定义

术语	定　义
样　地	指进行植被调查取样时，选取的能代表群落基本特征（如种类组成、群落结构、层片、外貌及数量特征等）的地段
样　方	指植被调查时用测绳（杆）围成的一定面积的和形状的地块（通常为正方形或者长方形地块），用于调查植物群落物种组成、结构等数量指标
基　径	指植株贴近地面并平行于地面的茎干直径
胸　径	指高于地面1.3m并平行于地面的树木直径

(续)

术　语	定　义
密　度	样方中的植物个体数量
盖　度	指植物地上部分垂直投影面积占样方面积的百分比
株　高	指从地面到植物茎叶最高处的垂直高度
枝下高	树干上第一个一级分枝以下的高度

6.3.2.2　无人机近地遥感

无人机近地遥感具有以下优点：

高效灵活　无人机可以迅速部署到目标区域，进行高效的数据采集和处理。其飞行轨迹和高度可以根据需求进行调整，使得数据采集更具灵活性。

高分辨率　无人机近地遥感可以获得高分辨率的遥感影像，能够清晰反映地表细节，对于环境监测、城市规划等领域具有重要意义。

成本低廉　相较于传统的卫星遥感或航空遥感，无人机的成本更低，更容易普及和应用。

但同时存在以下缺点：

受天气影响　无人机飞行受风、雨、雾等天气条件影响较大，恶劣天气可能导致飞行不稳定或数据质量下降。

受场地限制　由于存在空中管制，在位于军事禁区、机场附近、特定区域等无人机无法升空飞行或需要提前报备，使用前需注意当地要求，不要出现违法行为。

数据处理复杂　无人机遥感获得的数据需要进行复杂的处理和分析，需要专业的技术和经验。

对于小面积、精度要求较高的绿地提取，无人机遥感具有巨大潜力，主要采取像元分割与面向对象分割两种方式对无人机影像进行预处理，基于无人机影像的光谱特征构建各种可见光植被指数用于量化提取植被信息，并结合该区域空间特征、纹理特征，以剔除与植被光谱特征相似的非植被信息（吴卓恒 等，2019）。

（1）正射影像

正射影像通过无人机获取高分辨率图像，这些图像经过校正以消除视角造成的变形，确保每个像素正对地面。这使得图像具有一致的尺度，可以直接用于精确的地理空间分析。在绿地植被数据收集中，正射影像可以用来精确测量绿地面积、植被覆盖度和其他地理特征，非常适合于城市规划、环境监测等领域。其缺点在于正射影像的生成需要经过复杂的几何纠正和投影转换等处理过程，对数据处理技术要求较高（图6-9），另外航空摄影受天气条件影响较大，如云层遮挡、雾霾等天气条件可能导致影像质量下降（骆天庆 等，2015）。无人机近地遥感获取的正射影像通常具有较高的分辨率，能够清晰展现地面细节，直观易懂，便于进行空间分析和决策（吴卓恒 等，2019）。

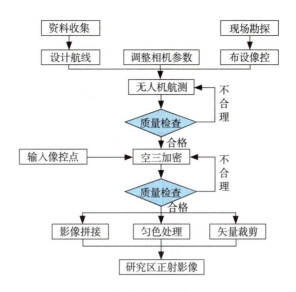

图 6-9　数据处理与质量控制流程图

（2）倾斜摄影模型

倾斜摄影模型提供了更立体的视角，包括多个角度拍摄的照片。在绿地植被数据收集方面，倾斜摄影模型特别适用于获取植被的三维结构数据。但是，倾斜摄影模型生成需要进行大量的图像处理和三维重建工作，对数据存储和计算能力要求较高。此外，涉及多个领域的技术知识，如摄影测量、计算机视觉等，需要专业的技术人员进行操作。倾斜摄影测量技术采用对视角进行航拍，能够获取丰富的侧面信息，处理出的影像数据可以转化成DSM、DOM与DLG等不同数据格式，扩大了其使用范围。无人机倾斜摄影技术弥补了以往正射影像只能从垂直角度拍摄的局限，通过在同一飞行平台上搭载多台传感器，同时从1个垂直、4个倾斜，5个不同的角度采集影像，能够生成符合人眼视觉的真实直观的影像效果（何敏 等，2017）。航测后，对获取的原始数据进行备份，同时实施和检查数据备份的安全措施，对无人机和监测设备进行检查，确保设备在下一次使用前完好（图6-10）。

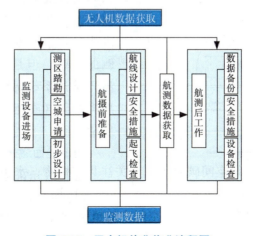

图 6-10　无人机外业作业流程图

6.3.2.3 激光雷达点云

激光雷达点云的具有以下优点：

高精度　激光雷达能够获取高精度的三维点云数据，能够准确反映目标的形状和结构。

不受光照影响　激光雷达工作不受光照条件限制，可以在夜间或光线较暗环境进行测量。

抗干扰能力强　激光雷达对常见的干扰因素，如烟雾、灰尘等具有较好的抗干扰能力。

然而，激光雷达点云也存在一些缺点：

设备成本高　激光雷达设备的价格较高，对于一些预算有限的应用场景来说可能较难承受。

数据处理量大　激光雷达获取的点云数据量巨大，需要高性能计算机进行处理和分析，对硬件要求较高。

扫描速度受限　激光雷达的扫描速度可能受到设备性能和扫描范围的影响，对于一些需要快速测量的场景可能不适用。

（1）机载-地基激光雷达点云

激光雷达技术遥感通过激光脉冲信号，以点云数据形式感知森林三维场景，通过分析处理激光点云数据，可计算得到树高、胸径、冠幅等森林结构参数，进而为蓄木量、固碳量、生物量等宏观森林生态参数信息反演提供数据基础。机载-地基激光点云无控配准方法主要包括：点云包围盒定向、冠层点云滤波、冠层点云体素化、基于体素模板的特征对提取以及旋转平移矩阵计算（图6-11）（林怡 等，2023）。激光雷达点云具有高精度和密度，适用于各种应用领域，通过无须接触地面或物体的方式进行测量，不会对目标造成损坏，机载激光雷达可以在较短的时间内快速收集大量数据，提高了测绘和监测的效率。但是也存在一定的局限性，激光雷达系统的购买和维护成本较高，恶劣的天气或光照条件可能会影响数据质量。

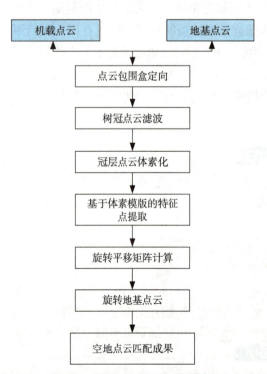

图6-11　机载-地基无控匹配流程

（2）地面激光雷达点云

地面激光雷达则是从地面位置对目标区域进行扫描，收集更加细致和密集的三维数据，主要包含手持激光雷达、背包激光雷达。它适合于对特定区域或特定植物群体进行详细的研究，如单个树木的精确测量或小范围森林的结构分析。

采用地面激光雷达LeicaScanStation2获取点云数据。LeicaScanStation2全站式扫描仪为脉冲式三维激光扫描仪，在扫描时激光器发射单点激光，记录它的回波信号，通过计算激光的飞行时间，计算目标点与扫描仪之间的距离，它具有测量界面友好、效率高等优点。扫描过程中仅记录第一个回波信号。调研时选择晴朗、无风或微风天气，将LeicaScanStation2置于气象观测站点位置，进行该片林地的扫描，基于地面激光雷达获取的点云数据，重点获取量化植被冠层特征的绿量和遮阴（闫伟姣 等，2017）。但地面激光雷达存在一定的局限性，由于扫描方式，激光雷达点云数据可能存在遮挡问题，一些被遮挡的物体可能无法被有效探测，导致点云数据不完整。同时，点云数据的密度和分布也可能影响信息提取的精度和完整性。

6.3.3 常用模型

在设计阶段中为更好了解所设计场地碳足迹情况，常使用一些模型协助模拟，常用的方法及模型如下。

6.3.3.1 Voronoi

Voronoi图为空间拓扑图，是源于俄国数学家Georgy Voronoi的空间分割算法。该法于1965年由Brown引入林学、生态学领域，用于林木竞争分析。Voronoi图按照对象集合中元素的最邻近原则对空间进行分隔，当以林分中单株立木构造Voronoi图时，该植株所处的凸多边形为植株的"影响圈"，代表植株的潜在生长空间和资源份额；同时，相邻凸多边形可反映相邻植株间及植株与环境间的互作关系。林分空间结构是指在森林中，不同高度的树木和其他生物组成的空间结构和生态结构。林分空间结构单元作为林分空间上的基本组建单位，是由一株中心木以及其四周邻近木构成的区域。由于空间结构参数的计算依赖于基本单元的划分，因此如何构建最佳空间结构单元一直是研究热点。Voronoi又称作泰森多边形，在计算几何、城市规划、气象、地质、地理信息系统、图像处理和机器人路径规划等方面的应用非常广泛（孙宇晗 等，2018）。

Voronoi图作为一种重要的空间分析方法，具有其独特的优势和局限性。Voronoi的特性对于研究林分空间结构单元有3项优势：①每个Voronoi图是一个小型空间竞争单位，林木在此单位中相互争夺自然资源；②每个结构单元的大小范围不一样，代表每个中心木的影响范围有所区分；③具有动态针对性，此方法更能灵活准确地确定空间结构单元，比传统固定空间结构单元边数的方法更具有针对性。但是在处理具有复杂边界的区域时，Voronoi图可能无法完全准确地表达边界对空间划分的影响。

使用步骤：①收集树木的空间位置数据。这可能涉及实地测量或使用遥感技术获取树木的准确位置。②使用树木的位置数据来构建Voronoi图。在这个图中，每棵树都被视为一个点，Voronoi图将空间划分为若干个多边形，每个多边形代表一个树木的影响区域。③通过Voronoi图可以分析树种的空间分布模式。例如，可以计算每个Voronoi多边形的面积，来评估树木的分布密度。较小的多边形表明该区域树木较密集，而较大的多边形则表明树木较稀疏。④Voronoi图分析种植模式。例如，通过比较不同树种对应的Voronoi多边形的形状和大小，可以揭示不同树种在空间上的相互作用和竞争关系。⑤基于Voronoi图的分析树种结构和种植模式进行优化。例如，可以调整树木的位置，以改善光照分布或提高生态系统的多样性。在某些情况下，Voronoi分析可以与多目标优化算法结合使用，以达到如最大化生物多样性、最优化树木生长条件等多重目标。

图6-12展示了基于Voronoi图创建的空间结构单元进行林地类型划分及目标树确定的完整过程。①进行标准地调查和数据预处理，然后对林地类型进行划分，并基于Voronoi图创建空间结构单元。②计算包括角尺度、大小比数、开敞度、林层指数和竞争指数在内的空间结构参数，通过这些参数确定备选目标树。③对空间结构参数进行等级划分，最终选出目标树并进行树干解析。④拟合胸径生长方程、树高生长方程和材积生长方程，进行模型校验，找到最优生长方程，最终为发展高质量林分提供技术支持。

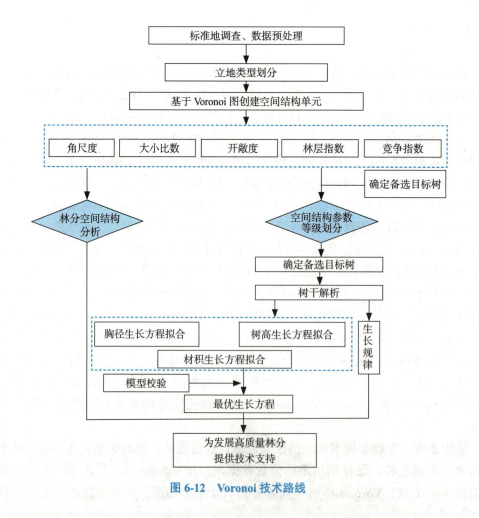

图 6-12 Voronoi 技术路线

6.3.3.2 生物量模型

生物量是定量描述林业和森林系统问题的基本要素，其分布因林分结构的不同而存在差异。通过数学方程表示生物体的生长、繁殖、死亡和迁移等生态过程，以及生物体与环境之间的相互作用。采用生物量与胸径等一些解释变量幂函数形式之间的拟合关系来计算生物量是较常用的方法，并以此来研究林分结构及各组成部分生物量的变化规律，建立不同林分类型、不同树种、不同起源以及不同区域尺度内森林生物量模型，从而提高林业精细化管理效能（蒙青松，2024）。由于生物量模型的建立是基于一系列假设，这些假设可能无法完全反映生态系统的复杂性，因此模型的精度可能受到一定限制。模型的数据来源也可能受到多种因素的影响，如观测误差、样本代表性等，这些因素可能影响模型的准确性和可靠性，使用步骤如图6-13所示。

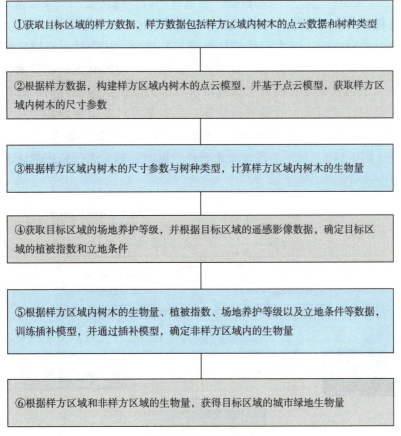

图 6-13 生物量模型

根据所述样方区域内树木的所述胸径和树木对应的树种类型，计算所述样方区域内每棵树木的单木生物量；根据所述样方区域内所有树木的所述单木生物量，确定所述样方区域的所述生物量。其中，所述单木生物量通过下式进行计算：

$$M = a \times D^{\frac{7}{3}}$$

式中　M 为所述单木生物量；

　　　D 为树木的胸径；

　　　a 为树木的生物量模型参数，$a = 0.3 \times p$；

　　　p 为树木对应树种类型的木材基本密度。p可以通过采样实验测得，也可以参照现有资料的数据记载获得。例如，可参照下面的参照表获取相应的p值和a值。

6.3.3.3　i-Tree模型法

i-Tree模型（https://www.itreetools.org/）是2006年由美国林务局开发的城市林业分析和生态效益评价模型，主要包括关注城市街道行道树（i-Tree-Streets模型）和城市森林生态系统的效益评估（i-Tree-Eco模型）。i-Tree-Streets是一种面向城市森林管理者的街道树专用分析工具，它使用树木清单数据量化树木年度效益的结构、功能和价值。i-Tree-Eco则是根据现场数据、当地每小时空气污染和气象数据对城市森林结构、环境影响和社区价值对树木年度效益进行量化，由生态效益分析（Eco）和行道树资源分析（Streets）两大基础模块组成，并逐渐扩展为针对不同区域效益分析的多个模块。多适用于不同乔木、灌木，以及城市尺度的绿地碳汇量测算，适用范围广。其中，生态效益分析模块主要对城市森林的碳汇效益进行估算，行道树资源分析模块主要对行道树碳汇效益进行估算，二者都可对城市绿地功能与生态价值进行可视化表达。应用步骤为选取样地，采集高精度数据，建立数据库，导入i-Tree模型进行计算（图6-14）。但是当系统缺乏树种数据时，需要进行数据修正（于洋 等，2021）。

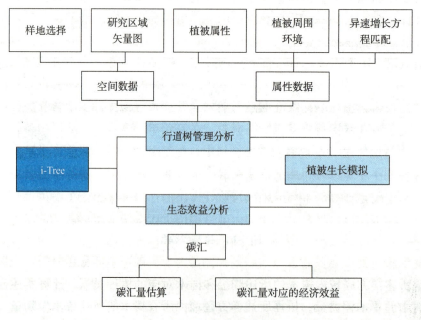

图 6-14　i-Tree 对城市绿地碳汇量估算的技术路线

6.3.3.4　UrbanFootprint

UrbanFootprint（https://urbanfootprint.com/）是一个用于城市规划和土地使用分析的平台，它结合了地理信息系统和生成式模型，帮助规划人员评估不同规划方案的可行性，包括土地用途、交通、人口分布等。

该平台集成了大量的地理空间数据，并利用先进的分析工具，使用户能够模拟和评估不同的城市发展方案，包括土地利用、交通、环境和社会经济等方面。通过分析城市的能源消费数据，包括电力、燃气、燃油等，可以计算出由能源消费产生的温室气体排放量。通过分析城市交通系统的运行数据，包括车辆数量、行驶里程、燃油类型等，可以估算出交通领域产生的碳排放量。结合UrbanFootprint从碳足迹分析，城市管理者可以获得全面的碳排放数据，进而制定针对性的减排策略。

6.3.3.5　G-footprint

G-footprint是在Rhino+Grasshopper平台，结合信息模型，准确详细地评价园林绿地的碳足迹，为一线设计师和其他从业人员提供深化设计阶段和建成阶段的碳足迹定量评价、预测和分析的解决方案。G-footprint将人类对自然资源的消耗转化为具体的面积，使得人们能够直观地了解人类活动对地球生态系统的影响。但是该方法主要关注人类活动对地球生态系统的当前影响，而忽略了生态系统的动态变化和恢复能力。

该软件在边界设定上具有全对象覆盖、全周期计算的特征，其中全对象覆盖是指计算对象包括植被、地形水体、建筑构筑物、硬化表面、配套设施5类园林绿地的主要空间要素，能为城乡园林绿地的设计和建造对象输入找到合适的碳足迹算法。全周期计算是指计算周期包含材料生产、运输、建造、管理养护和拆除处理5个生命周期阶段，涵盖了园林绿地从"摇篮到坟墓"的每个环节，使用者可根据实际情况自定义生命周期长度。

软件是基于Rhino+Grasshopper平台开发的电池插件，分为数据提取和碳足迹计算两个模块（图6-15）。交互过程容易上手和操作提示明确，通过在Rhino模型空间中拾取深化设计阶段的模型或导入土地利用类型+苗木表，便能够完成碳足迹计算的数据输入

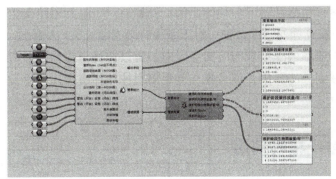

图 6-15　软件操作（左）与数据提取及碳足迹计算模块（右）（来源：景观绩效评价公众号）

工作，软件将会根据各类要素在全生命周期阶段的特征，自动进行碳计算的分析，输出碳足迹的详细数据和可视化图表，具体内容包含植被、土方处理、硬化表面、建筑构筑物、配套设施在全生命周期的碳足迹；生命周期内历年的碳排放和碳储量数据；各类要素在生命周期内的单位碳排放、总体碳排放和单位面积碳储量。

6.4 城乡蓝绿空间固碳增汇设计途径

6.4.1 高固碳释氧能力的植物配置

单位绿地面积的净日固碳量主要取决于该区域内植物的单位叶面积固碳量和植物绿量。乔木在固碳释氧方面要优于灌木和草坪，而且其养护方便、寿命长，随着树龄的增长，树木绿量会明显增加，包括固碳释氧在内的生态效益也相应增加，因此，选择单位叶面积固碳能力较强的树种，建设以乔木为主、乔灌草复层结构的绿化，可达到绿地固碳释氧效能的最优化。

平均径级对提升植物群落碳汇效能具有积极的正向促进作用。当径级范围在10~20cm时，群落碳汇效能随着径级的扩大而提升；当径级从10~20cm增至30~40cm时，群落碳汇能力开始下降。同时，大树的移植会对树木的原产地生态产生重大影响，且在移植过程中及移植后成活率较低，经济损失风险大。因此在实际建设过程中，不应为了迅速成景而盲目选择大量大规格树种，应从长远和综合效益考虑，尽可能多地选择10~20cm的中低龄树种；在径级为30cm以上的低密度群落中，可适量补植低龄树种，有助于营建可持续的高碳汇植物群落（张丽 等，2023）。

平均冠幅对植物群落碳汇效能具有显著的正向影响。平均冠幅一定程度上代表了群落的绿量，因此增加绿量有助于提高植物群落的碳汇效能。一方面可以选择伞形开阔且枝叶饱满的树种，比如杭州地区可选择黄山栾树、广玉兰和香樟等树种；另一方面也可在林下配置观赏性好、适应性强、繁育简单、低维护成本的耐阴地被，以弥补下层空隙过大的不足。

常绿树种和落叶树种对植物群落碳汇效能的贡献相当。因此在建设以高碳汇为目标的植物群落时，可减少对常绿树种与落叶树种固碳量的利弊权衡，根据绿地或场地自身的功能需求，适当调配群落中常绿和落叶树种的比例。例如，对于阻挡道路灰尘和噪声干扰的绿地，可以选择分枝点低的常绿树种；对于冬季有阳光需求的广场绿地，可以选择高大的落叶树种；对于兼顾四季景观的装饰性绿地，可以选择常绿和落叶树种的混交等。此外，更应该做好完善的养护管理措施，避免出现枝叶稀疏发黄等生长不良的现象。

6.4.2 低维护、节约型乡土植物应用

乡土植物是在长期的自然选择中对当地的自然地理条件，尤其是气候、土壤条件

具有稳定适应性的树种，已融入当地的自然生态系统。一些经过长期栽培驯化的外来树种，已经具备了乡土树种的特性，也可视为乡土树种。另有一些引种时间不长，但由于环境的相似性引种后迅速适应当地自然地理条件并能完成其生活史、成为本地自然植物区系的重要组成部分的树种，或是处于同一气候带的周边地区有自然分布、本地区由于人为因素等暂无分布的树种，同样可视为乡土树种。由于乡土树种通过长期演化，对当地土壤和气候的适应性良好、抗逆性强、易成活，在本地的自然植物区系中通常形成了相互适应和平衡的物种组成结构，能自然繁衍成林，且具有较强的抗病虫害能力、易养护管理，在生态环境效益、景观效果、资源和能源节约、综合经济效益等方面都是外来树种所不可比拟的。因此，人工建设的城乡蓝绿空间，应尽可能地利用乡土植物作为城市绿化的主要树种，营造近自然群落，推进节约型园林建设。

6.4.3　增强生态调节功能的城市湿地建设

水是城乡蓝绿空间的基本构成要素，湿地水系是城市中重要的有机碳库，与此同时城市绿地的景观造景和植物灌溉都需要水，水也成了蓝绿空间中的碳源。节约城市用水，利用非常规水源（再生水、雨水、地下水等）进行园林绿地的景观建设和后期养护，越来越受到重视。因此，可以充分利用雨水等自然水源，结合城市的自然水文循环机制，整合城市的雨洪管理系统，营造城市湿地和海绵绿地，在发挥城乡蓝绿空间生态调节功能的同时，减少绿地的直接碳排放。

通过对城市自然河湖水系的保护和利用，构建城市湿地公园，既能形成保护、科普和休闲功能，又能发挥湿地植物固碳吸碳的作用，还能缓解热岛效应，起到间接减排的作用。城市人工湿地是一种具有自我净化和自我修复能力的人工湿地。这类湿地通常选址在具有湿地营建条件的地方，借助人工手段将径流或城市污水有控制地投配到种有水生植物的土地上，按不同方式控制有效停留时间并使其沿着一定的方向流动，利用自然化手段，综合物理、化学和生物作用处理污水，通过沉降和过滤、沉淀吸附和分解、微生物代谢、植物代谢的处理过程，在低能耗、高效能地解决区域水体污染问题的同时，改善人们生活环境，推动绿色低碳城市生态环境建设。

6.5　综合评价与应用案例

6.5.1　通过实地数据收集的城乡蓝绿空间碳储量评价

本案例聚焦植物群落尺度，对天府新区成都直管区蓝绿空间内多种类型的城乡蓝绿空间中的植物群落进行碳储量评价。我们采用植被样方调查法作为主要的调查手段，通过设置样方并使用无人机近地遥感和激光雷达点云设备记录每个样方内的植物种类、数量及生长状况,以获取准确的数据信息。这些数据将为计算每个样方的碳储量,并进一步推算整个研究区域的碳储量情况提供基础。通过深入分析和对比不同样方之间的碳储量差异,揭示植物群落碳储量的影响因素及其变化规律,从而为成都天府新区低碳绿地系统规划与高碳汇植物群落营建提供科学依据。

6.5.1.1 数据收集

首先,运用植被样方调查法确定样方大小,针对天府新区碳排与碳汇载体面积的不同尺度差异,按照公园绿地的分级方式,划分3个尺度的绿地,分别对应3个尺度的生态单元(这里生态单元可以理解为样方),分别为:区域级绿地1hm^2、结构性绿地50m×50m、社区级绿地50m×50m或20m×20m。

其次,确定样方类型与数量,样方类型的确定需要考虑绿地类型、植被类型两方面的因素。由于每类绿地并非具备全部植被类型,根据实际情况针对5种绿地类型,共选取23个采样点开展植物群落数据采集。样方选取原则要注意以下3个方面:①建设强度,选取天然、人工等不同建设强度的蓝绿空间;②植物种类,选取天府新区具有代表性的植物及群落;③空间分布,选取建成区、生态区等不同空间性质和蓝绿空间类型的植物群落。分类见表6-6所列。

表6-6 样方选择结果

公园绿地						
编号	已建成公园名称	类 型	面积(hm^2)	植被类型	样方大小	尺度单元
1	南湖公园	综合公园	59.53	南湖湿地(高NPP)	1hm^2	1hm^2
				纯林、混交林、复层混交林、灌丛(高NPP)	50m×50m	50m×50m 20m×20m
				地被、滨水(较高NPP)	20m×20m	
2	天府公园		167.09	天府景观(高NPP)	1hm^2	
				纯林、混交林、复层混交林、灌丛(高NPP)	50m×50m	
				地被、滨水(较高NPP)	20m×20m	
3	麓湖水城景区	专类公园	140.57	纯林、混交林、复层混交林、灌丛(高NPP)	50m×50m	50m×50m
4	万安体育公园		16.87	纯林、混交林、复层混交林、灌丛(高NPP)	50m×50m	
5	会龙公园	社区公园	6.87	纯林、混交林、复层混交林、灌丛(高NPP)	50m×50m	50m×50m 20m×20m
				地被、滨水(较高NPP)	20m×20m	
6	维也纳森林公园		9.65	纯林、混交林、复层混交林、灌丛(高NPP)	50m×50m	
				地被、滨水(较高NPP)	20m×20m	

（续）

生态绿地						
编号	重点生态绿地	类型	面积（hm²）	植被类型	样方大小	尺度单元
1	鹿溪河生态区	生态绿地	390.54	湿地（高NPP）	1hm²	1hm²
				纯林、混交林、复层混交林、灌丛（高NPP）	50m×50m	50m×50m
2	龙泉山森林公园		—	林草（高NPP）	1hm²	
				纯林、混交林、复层混交林、灌丛（高NPP）	50m×50m	

防护绿地						
编号	防护绿地选址	类型	面积（hm²）	植被类型	样方大小	尺度单元
1	新兴工业园	防护绿地		纯林、混交林、复层混交林、灌丛（高NPP）	50m×50m	50m×50m
2	区域交通道路		—	纯林、混交林、复层混交林、灌丛（高NPP）	50m×50m	

最后，使用无人机近地遥感和激光雷达点云设备，充分利用热红外无人机/无人机（在非限飞区的情况下）、手持/背包激光雷达以及叶面积指数仪、游标卡尺、球型相机等设备，以获取全面而准确的样方数据。

使用热红外无人机/无人机（在非限飞区的情况下）进行拍摄，热红外无人机获取样方的温度信息，无人机收集群落结构和生长环境，为分析植物群落的生理生态特性提供数据支持。利用手持/背包激光雷达对样方进行扫描，获取高精度的点云模型。使用叶面积指数仪来测量样方的叶面积指数，这是反映植物群落生长状况的重要指标之一，通过测量不同样方的叶面积指数，可以比较不同植物群落的生长差异，进而分析碳汇能力的差异。使用游标卡尺对样方内的树木进行胸径和冠幅的测量，这些数据是评估树木生长状况的重要参数。

6.5.1.2 优化策略

根据样方数据，利用异速生长方程进行了群落碳密度的计算。异速生长方程是一种描述生物体各部分之间生长关系的数学模型，通过该方程，可以根据树木的胸径、冠幅等参数估算其生物量，进而计算出群落的碳密度。计算结果的单位为t/hm²，即每公顷的碳储量，反映了植物群落的碳汇能力。

使用碳密度与群落特征进行回归分析构建高碳汇群落，研究发现群落结构、物种组成、植被盖度等特征是影响群落碳密度的关键因素，通过优化这些特征，可以有针对性地提升群落的碳汇能力。例如，增加植被盖度、丰富物种多样性、优化群落结构等措施都有助于提高群落的碳密度。通过间隔时间点的同一样方采样，可以获取一定时间段内群落的碳储量变化数据。这种时间序列分析有助于我们了解群落碳汇量的动态变化，评估碳汇潜力的可持续性。通过对比不同时间点的碳汇量数据，可以发现群落碳汇能力的变化趋势，进而调整管理策略，确保碳汇能力的持续增长。此外，树种间的对比分析也是一项重要的工作。通过对比不同树种的碳密度和碳汇量，可以筛选出具有高碳汇能力的优势树种。这些树种在城乡蓝绿空间的建设中具有重要的应用价值，通过合理配置，可以有效提升绿地的碳汇效果。同时，这种对比分析还可以为我们提供更多关于树种生长特性、生态适应性等方面的信息，为未来的植物配置和群落优化提供科学依据。

6.5.2 提升生态效益的城乡蓝绿空间绩效评价

本案例聚焦城乡蓝绿空间，以河北省石家庄市滹沱河全河段为研究区，根据上位政策聚焦、规划总体定位和目标、民众关心和社会热点等构建出涵盖生态资源、生态调节、生物多样性、生态低碳、生态人居5个大类33项具体指标的生态绩效评价体系。通过数据采集、指标计算、数据整合、可视化图解等研究方法，对滹沱河黄壁庄水库至深泽段长109km河道的典型特征与核心修复目标进行全方位的综合生态效益评价，划分若干生态单元，开展可量化、可视化、可感知的河流生态修复工程的生态资源清查，提出具有改良意义的综合性优化建议及相应的工程措施，为城市河流生态修复工程的效益评价和循证设计提供参考。

6.5.2.1 数据采集

为了有效获得滹沱河的生态效益评价数据，利用物联网传感器数据、长期观测数据、网络大数据和专家点评数据等，结合外业调研，对全河段各类生态资源开展精准清查。数据采集包括4个环节：①基于地理信息技术手段采集示范点景观空间数据；②使用手持激光雷达、无人机等仪器采集现场高精度数据；③现场物种调研，调研研究区域生物物种情况，对当地观鸟协会等组织开展访谈，收集当地鸟类物种情况；④结合生态绩效评价关键因子与量化计算模型，验证修正景观绩效评价体系（图6-16）。

倾斜摄影　　植物群落点云分析　　激光雷达　　热红外成像　　无人机

图 6-16　激光雷达采集实验设备与分析工具

6.5.2.2 数据处理

针对滹沱河修复工程超大体量的城乡蓝绿空间，既无法通过人工的现场调查提取精确数据，也无法仅采用读图的方法进行宏观评价，研究采用多尺度遥感数据耦合的方式，用小尺度遥感手段提取典型样本的数据进行效益的循证研究，在中尺度的遥感信息中进行结果验证，再基于典型样本的循证反演到大尺度的空间中，实现大尺度蓝绿空间的精细化评价。主要分为4个步骤：①使用WordView-3高分辨率多光谱遥感影像对研究区域内的植被类型进行群落级别的精细化分类，获取各个植被群落在空间底图上的位置和边界；②通过在现场采集的典型植被群落类型样方，提取各类型植被群落的特征参数；③根据特征参数和环境效益之间的对应关系，对各植被类型的环境效益进行评价；④根据植被群落分布将环境效益参数反演至整个研究区。

6.5.2.3 构建生态绩效评价指标体系

滹沱河评价指标体系主要包括生态资源、生态调节、生态低碳、生态人居及生物多样性5个维度指标。5个维度细分为13个类别，包含33个具体指标。根据不同建设期的建设标准、功能定位、效益侧重等，可选取不同指标类型，完成生态修复工程科学全面的效益揭示（表6-7）。

表 6-7 评价体系与指标集

效 益	因 子	指 标
生态调节	清洁空气	大颗粒物（TPS）
		PM_{10}
		$PM_{2.5}$
		释放氧气
	调节气候	缓解城市热岛
		调节温度
生态保护	水资源	水面积
	水生态	生态岸线恢复
		湿地面积
		植物适宜性
		雨洪弹性
		径流削减量
	生态系统质量	植被归一化指数
		陆地表面温度
	物种多样性	植物净初级生产力（NPP）
		鸟类多样性

(续)

效益	因子	指标
生态保护	鸟类栖息地适宜性	水体类型
		植被覆盖度
		植被种类
		植被丰富度
		植物高度
		鸟类惊飞距离
生态人居	风景质量	城市风景界面长度
	多元活动	休闲游憩功能
		体育健身功能
	生态教育	潜在科普场地
		教育科普活动的类型及数量

6.5.2.4 综合效益评价与优化建议

滹沱河生态修复工程建设后，整体生态资源修复成果显著。工程建成后其生态绩效是建成前的2.12倍，其生态效益实现倍增。生态绩效增量排序为：生态调节>生态低碳>生态人居，基本实现了建设目标，为提升城市生态品质起到了重要支撑作用。

全河段植被覆盖度达到63.65%，使全市人均公共绿地面积增加4.85m²，水域及湿地面积占总面积的13.69%，达到河流生态修复良好水平。生态调节功能提升较大，调蓄雨洪功能相当于一座$50 \times 10^4 m^3$的小型水库，单位面积降温1.16℃，可缓解石家庄市区约108km²的城市热岛区域，每日消减吸附$PM_{2.5}$ 1.52mg/m²，PM_{10} 0.92mg/m²，产生清洁氧气182t/d，按成年人一日消耗氧气0.7kg计算，可满足11.9万成年人一天的呼吸。滹沱河生态修复工程30年内碳汇量为30.89×10^4t。人居服务功能明显提升，新增36个景观驿站，37个一级景观节点，2021年游客数量高达55万人次。

通过对生态资源、生态调节、生态低碳、生态人居、生物多样性五大方面进行生态价值核算，滹沱河生态修复工程完成生态正资产目标，当前每年生态资源总价值约为3.90亿元，生态调节总价值达30.68亿元，生态多样性总价值达13.80亿元，生态低碳总价值达2.47亿元，生态人居总价值达5.46亿元，建成后当前滹沱河的生态系统生产总价值达56.31亿元。

思考题

1. 如何区分正射影像与倾斜摄影模型？
2. 怎样对某个研究区域进行生态绩效评价？

拓展阅读

绿地生态技术导论. 张浪, 徐英. 中国建筑工业出版社, 2016.

参考文献

杜昕, 董雪, 谷会岩, 等, 2024. 基于分层Voronoi图的阔叶红松林叶面积指数的垂直与短程水平空间分布研究[J]. 南京林业大学学报（自然科学版）, 1-13.

冯宇璇, 2023. "双碳"视角下城市口袋公园景观设计研究[D]. 郑州: 中原工学院.

何敏, 胡勇, 赵龙, 2017. 无人机倾斜摄影测量数据获取及处理探讨[J]. 测绘与空间地理信息, 40（7）: 77-79.

黄贤金, 2013.《城市系统碳循环及土地调控研究》评述[J]. 地理学报, 68（6）: 872.

林怡, 曹宇杰, 程效军, 2023. 基于树冠体素特征的森林机载—地基激光点云无控配准[J]. 同济大学学报（自然科学版）, 51（7）: 994-1001, 970.

刘于鹤, 王汉杰, 张小全, 2011. 气候变化与中国林业碳汇[M]. 北京: 气象出版社.

骆天庆, 2015. 城市绿地和绿化的低碳化建设规划指南, 建筑设计[M]. 北京: 中国建筑工业出版社.

蒙青松, 2024. 不同林龄桉树林分结构及生物量模型研究[J]. 安徽农业科学, 52（4）: 106-109.

秦耀辰, 2013. 低碳城市研究的模型与方法[M]. 北京: 科学出版社.

熊向艳, 韩永伟, 高馨婷, 等, 2014. 北京市城乡结合部17种常用绿化植物固碳释氧功能研究[J]. 环境工程技术学报, 4（3）: 248-255.

孙宇晗, 王士博, 王润涵, 等, 2018. 利用Voronoi图评价油松人工林空间结构[J]. 浙江农林大学学报, 35（5）: 877-884.

唐鋆鋆, 余玲, 2022. 基于"双碳"目标的园林景观设计与硬质景观材料分析[J]. 造纸装备及材料, 51（4）: 69-71.

王晶懋, 齐佳乐, 韩都, 等, 2022. 基于全生命周期的城市小尺度绿地碳平衡[J]. 风景园林, 29（12）: 100-105.

王敏, 宋昊洋, 2022. 影响碳中和的城市绿地空间特征与精细化管控实施框架[J]. 风景园林, 29（5）: 17-23.

吴卓恒, 徐霞, 陶帅, 2019. 基于无人机影像的城市绿地提取分析[J]. 四川林业科技, 40（6）: 65-70.

邢政, 2022. 基于低碳视角的芦水湾度假小镇景观设计研究[D]. 昆明: 云南农业大学.

闫伟姣, 2017. 基于实地气象观测和地面激光雷达点云数据的公园绿地降温效应研究[D]. 南京: 南京大学.

于贵瑞, 何念鹏, 王秋凤, 2013. 中国生态系统碳收支及碳汇功能理论基础与综合评估[M]. 北京: 科学出版社.

于洋, 王昕歌, 2021. 面向生态系统服务功能的城市绿地碳汇量估算研究[J]. 西安建筑科技大学学报（自然科学版）, 53（1）: 95-102.

张丽, 刘子奕, 麻欣瑶, 等, 2023. 植物群落特征对城市公园绿地碳汇效能的影响研究[J]. 园林, 40（4）: 125-134.

Fang J, Wang X, Shen Z, et al., 2009. Methods and protocols for plant community inventory[J]. Biodiversity Science, 17（6）: 533.

第 7 章
建造运营阶段碳足迹评价与应用

> **学习重点**
>
> 1. 学习城乡蓝绿空间建造运营阶段的全周期碳足迹评价;
> 2. 了解城乡蓝绿空间碳足迹评价方法;
> 3. 分析案例中值得借鉴的低碳减排策略及智慧园林建设方法。

建造运营阶段的城乡蓝绿空间碳足迹评价对整个项目碳排放控制起到关键作用,本章重点探讨了城乡蓝绿空间在建造运营阶段的碳足迹评价方法及其实践应用,以直接减排过程视角介绍从生产、运输、建造、运营维护到拆除的全周期碳足迹评价方法和建造、运营维护周期常见评价手段,并以两个实践案例分别介绍在建造、运营周期中的碳足迹评价与应用。

7.1 评价目标

双碳目标的提出,无疑为城市景观的设计和建造带来了前所未有的机遇与挑战。这一目标的本质在于实现碳达峰和碳中和,以应对全球气候变化和环境污染问题。在这个背景下,城乡蓝绿空间作为城市生态系统的重要组成部分,其多重环境效益是实现现代城市生态和碳汇功能的主要途径,理所应当是低碳的。

事实上,这种想当然地认为城乡蓝绿空间"低碳"的看法,是被蓝绿空间表象的绿色与蓝色误导而形成的盲目的环境自信。相比城乡环境中建筑、交通、工业领域的高碳属性,城乡蓝绿空间存在许多隐形能耗。新西兰风景园林设计师克雷格·波考克(Craig Pocock)最早开始研究风景园林项目潜在的碳值,通过对其自身14年来从事的园林景观项目所消耗的CO_2成本进行估算,他在2007年指出,一般设计师使用材料产生的CO_2，远超出其种植植物能吸收的碳量。因此，要切实发挥城乡蓝绿空间系统保障城市碳平衡的重要作用，必须客观审视城乡蓝绿空间的碳汇效益和碳排水平。对于低碳汇、高碳排的绿地和绿化形式，同样需要进行低碳化建设。

作为城市生态系统中宝贵的碳汇资源，城乡蓝绿空间的建设和管理过程中，涉及生产、运输、建造、运营维护、拆除等多个周期，这些周期会产生一定的碳排放，作为碳源抵消一部分碳汇。如果管理不当，城乡蓝绿空间的建设可能会成为新的碳排放源，与双碳目标背道而驰。

因此，系统而准确的碳足迹评价对于精确评估城乡蓝绿空间的固碳能力具有重要意义。通过碳足迹评价，可以全面了解和掌握城乡蓝绿空间建设运营过程中的碳排放情况，从而有针对性地采取措施减少碳排放，提高碳汇能力。评价目标主要聚焦于以下几个方面：

明确碳排放来源与规模　　评价的首要目标是确定建造运营阶段产生的碳排放主要来源，如植物材料的生产、运输、建造、运营维护过程的能源消耗等。同时，还需量化这些碳排放的规模，为制定有效的减排策略提供数据支持。

识别减排潜力与优化策略　　通过对建造和运营阶段碳足迹的深入分析，评价目标在于识别出潜在的减排领域和环节，如采用低碳建筑材料、优化施工流程、提高能源利用效率等。同时，提出针对性的优化策略，以降低碳排放强度，提升碳效率。

促进可持续发展与绿色技术的应用　　科技创新和绿色技术的应用将发挥关键作用。例如，通过采用低碳建筑材料、优化施工工艺、推广可再生能源等方式，可以有效降低城乡蓝绿空间建设过程中的碳排放。同时，借助大数据、物联网等现代信息技术手段，可以实现对城乡蓝绿空间碳足迹的动态监测和管理，提高碳汇能力的评估精度和效率。

提升公众认知与参与　　评价目标还包括提高公众对建造运营阶段碳排放问题的认知度，增强公众对环境保护和可持续发展的关注。通过公开透明的碳足迹评价过程和结果，引导公众积极参与碳减排行动，共同推动城乡蓝绿空间的低碳发展。

7.2 "生产、运输、建造、运营维护、拆除"全周期碳足迹评价

基于生命周期评价法（LCA）将城乡蓝绿空间的建造运营阶段分解为运输、建造、运营维护、拆除周期，生产周期主要包含苗木、建材的生产，生命周期的碳足迹会流通进建造运营阶段，因此作为建造运营阶段的前置周期一并列出（图7-1）。

在进行全周期碳足迹评价时，一般会选取碳排放量化方法研究的方式进行评价。碳排放一般指温室气体排放，IPCC规定"CO_2当量（CO_2e）"为度量温室效应的基本单位。城乡蓝绿空间建造运营阶段的碳排放计算首先需列出建造材料和机械设备的消耗量清单，匹配合适的碳排放因子后将消耗数量与碳排放因子相乘并相加，得到整个城乡蓝绿空间建造运营阶段的碳排放（图7-2）。

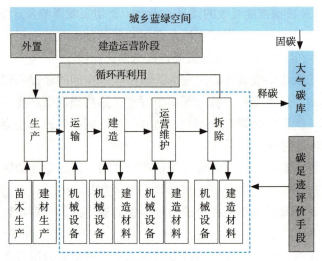

图 7-1　城乡蓝绿空间建造运营阶段全周期碳足迹评价示意图

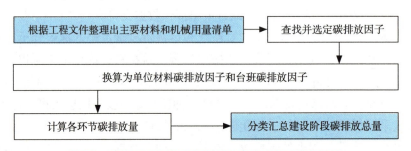

图 7-2　城乡蓝绿空间建造运营阶段碳排放计算流程图

碳排放因子指单位能源使用过程中或单位产品生产时排放的平均CO_2量,其选定工作是碳排放核算的基本任务。在城乡蓝绿空间建造运营阶段,碳排放因子主要分为材料类与能源类。材料的品类繁杂,其碳排放因子的查找和选定工作难度较大,通用数据库无法完全满足研究要求,还需结合一些半官方数据库和大量文献研究数据。能源类碳排放因子可从IPCC发布的《国家温室气体清单指南》中查得,机械常使用的能源有3种,分别是柴油、汽油和电,三者碳排放因子分别为3.15kg CO_2e/kg、3.04kg CO_2e/kg 和0.61kg CO_2e/(kW·h);各机械的能源消耗量参照我国已颁布实施的国家标准《建筑碳排放计算标准》(GB/T 51366),上述二者相乘可得出机械的台班碳排放因子。进而最终完成全周期碳足迹评价。

7.2.1　生产周期碳足迹评价

7.2.1.1　苗木生产

在生产周期中,苗木生产的碳足迹属于农业碳排放范畴,即农业生产过程中由于化肥、农药、能源消费,以及土地翻耕过程中所直接或间接导致的温室气体排放。由于农业生产活动的广泛性、普遍性以及农业生产主体的分散性,加上农业碳排放涉及范围广、随机性大、隐蔽性强、不易监测、难量化，使之存在着控制难度大的特点。

一般而言，农业碳排放主要来源于6个方面：①化肥生产和使用过程中所导致的农业直接或间接的碳排放；②农药生产和使用过程中所导致的碳排放；③农膜生产和使用过程中所引起的碳排放；④由于农业机械运用而直接或间接消耗化石燃料（主要是农用柴油）所产生的碳排放；⑤农业翻耕破坏了土壤有机碳库，大量有机碳流失到空中所形成的碳排放；⑥灌溉过程中电能利用间接耗费化石燃料所形成的碳释放。

苗木生产的碳足迹主要来自苗木培育过程中的灌溉、施肥、修剪、病虫害防治、移栽以及苗木出圃前的起苗和装苗。对于生产阶段的苗木生产部分进行碳足迹评价计算时，可以将其主要来源归纳入农业碳排放的6个主要方面进行计算。

7.2.1.2 建材生产

建筑材料生产加工的过程中消耗的资源和能源合称为原材料。这些原材料在开采、精炼、粗加工、传输的过程中产生碳排放，消耗能源和水资源，同时排放温室气体，根据《建筑碳排放计算标准》（GB/T 51366）的要求纳入计算。

建材的生产加工过程涉及能源的使用、专门加工设备器械的运转以及技术人员的操作；能源的使用和机械的运转水平以及工人的技术熟练度都会影响建材生产阶段的碳排放量；使用煤、石油等燃料产生的热值会导致大量碳排放；生产机械设备的先进程度和工人的熟练度影响所生产建材的质量、合格率，建材的合格率越高，产生的废品越少，相应地生产不合格产品造成的能源资源浪费就越少。

7.2.1.3 循环再利用部分

城乡蓝绿空间景观工程全阶段中，会使用混凝土、花岗岩、钢筋、玻璃、木材等可循环再利用的材料。这些可循环材料经过回收再利用，在下一个景观工程的生命周期中继续使用，能抵消掉其生产过程产生的碳排放，对社会环境没有本质影响，故这部分应扣除。

7.2.2 运输周期碳足迹评价

在运输周期，其主要包括苗木运输、材料运输和土方运输，它们的主要碳足迹都来源于化石燃料燃烧的碳排放。在城乡蓝绿空间的建造运营阶段，这部分的碳足迹主要与运输距离、燃油类型、不同型号的货车、货车数量和样方面积直接相关。有关研究在进行运输周期碳足迹评价时，苗木运输中，12m车长的卡车百公里油耗设定为40.00L，8m车长的卡车百公里油耗设定为34.00L。同时，在大乔木的装车和卸车过程中，乔木胸径15cm左右，需要使用汽车式起重机，汽车式起重机的平均油耗为23L/h。

建材的种类会影响建材运输方式，对于质量重的材料需要载重性更好的车辆来运输，特殊的建材会使用特殊的运输方式，如混凝土的运输需要混凝土搅拌车，运输途中通过罐体的不断转动来保证混凝土在规定时间内不分离、骨料不下沉；水泥、砂石等干燥粉颗粒物需要物料运输车来运送等。建材的用量会影响运输车辆往返次数，从而影响建材运输阶段的碳排放量。

根据计算公式，由于燃油类型相同，货车往返距离的远近是影响碳排放量的主要因子。为减少交通运输这部分碳排放量，可以借助城乡蓝绿空间的均衡布局，实现就近采集苗木材料的目标，同时在后期可以提升就近出游率、减少机动车出行。另外，可以通过建设都市农业、都市花园等新型绿地，减少植物产品的运输距离，削减交通运输产生的碳排。

除货车运输外，交通运输的几种途径还包括铁路、水路、公路及航空等，建材与苗木的运输主要有铁路、公路以及水路。不同途径下使用不同的交通运输工具，产生的碳排放也不相同。

在运输周期中，将各种交通方式的活动水平乘以单位活动水平的碳排放因子，是国际城市计算交通领域碳排放最常用的方法。《建筑碳排放计算标准》（GB/T 51366）中规定：建材的运输距离若有实际距离，则以实际距离为准；若无实际数据则默认混凝土材料运输距离为40km，其他的建材的默认为500km，各种运输方式的碳排放因子见表7-1。

表 7-1 运输周期碳排放参考

运输方式类别	碳排放因子 [kg CO_2e/(t·km)]	运输方式类别	碳排放因子 [kg CO_2e/(t·km)]
轻型汽油货车运输（载重2t）	0.33	重型柴油货车运输（载重30t）	0.08
中型汽油货车运输（载重8t）	0.12	重型柴油货车运输（载重48t）	0.06
重型汽油货车运输（载重10t）	0.10	电力机车运输	0.01
重型汽油货车运输（载重18t）	0.10	内燃机车运输	0.01
轻型柴油货车运输（载重2t）	0.29	铁路运输（中国市场平均）	0.01
中型柴油货车运输（载重8t）	0.18	液货船运输（载重2000t）	0.02
重型柴油货车运输（载重10t）	0.16	干散货船运输（载重2500t）	0.02
重型柴油货车运输（载重18t）	0.13	集装箱船运输（载重200TEU）	0.01

数据来源：《建筑碳排放计算标准》（GB/T 51366）。

7.2.3 建造周期碳足迹评价

城乡蓝绿空间的建造工程项目作为城市重要的建造活动，与建筑建造、农业生产和交通运输都有一定的相关性，尤其与建筑工程类项目碳足迹具有高度重叠的因子类型。不过，相比于其他项目，城乡蓝绿空间的建造工程项目也存在一定的独特性。当前建造工程项目所涉及的项目类型众多，尤其是大尺度城乡蓝绿空间的施工项目更能体现建造工程项目涉及专业的多样性和复杂性。建造工程涵盖的内容非常广泛，涉及多专业领域协同，如市政给排水工程、电气工程、建筑工程、林木栽培工程等，往往细化到施工中同时进行多项交叉作业。建造材料具有多样性和复杂性，除一般建筑材料外，还包括各类管材、植物材料、室外道路铺装材料等，应用范围广。同时，城乡蓝绿空间的建造工程项目与其他项目最大的区别在于土石方项目，土石方施工面积大、建设周期长，其挖掘和运输对碳排放有较大影响。

评价建造周期的碳足迹，要明确相关阶段的碳排放因子。碳排放因子指单位能源使用过程中或单位产品生产时排放的平均CO_2量，在城乡蓝绿空间的建造阶段，碳排放因子主要来源可以分为机械设备和建造材料两大类型。材料的品种复杂，其碳排放因子的寻找和选择工作难度较大，一般的碳排放因子库不能完全满足研究要求，需要参考有关部门、其他国家的资料，或者根据计算方法、年限、所在地区等因素，从大量的相关文献中找出最适合的数据。

在明确机械设备和建造材料碳足迹主要来源的前提下，通过查阅已有文献，以风景园林设计和施工的主要内容为依据，提出基于地形、植物、水系、铺装、设施五大要素，系统性地统计城乡蓝绿空间风景园林施工碳足迹的思路，最终形成涵盖建造环节的所有内容（图7-3）。

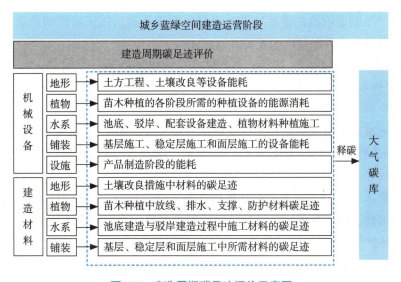

图7-3 建造周期碳足迹评价示意图

7.2.3.1 机械设备

地形 城乡蓝绿空间的地形修整涉及土方工程，现代土方工程是一项高度机械化的活动，其大多数碳足迹源自建造设备和运输设备使用的燃料。在一般工程项目中，土方工程碳排放超过施工建造过程碳排放的50%。应避免对地形的大规模改造，充分利用原地形，力求园内挖方量和填方量的平衡，以达到"自成天然之趣，不烦人工之事"。

另外，当土壤因理化性质不达标无法直接用于回填或无法种植植物时，需要进行土壤改良，常见的土壤改良方法有物理、化学和生物措施。例如，掺入细沙改变土壤密实度和透气性、用生石灰干燥潮湿土壤再用于回填等，这些措施的碳足迹大部分来自设备能耗。

植物 苗木种植的工序主要包括材料准备、施工放线、挖种植穴、苗木栽植及辅助措施等，这些工序涉及的碳足迹有设备碳足迹，主要包括种植设备（挖掘机、汽车起重机、喷洒车等）的能源消耗。

水系 城乡蓝绿空间的建造一般在地形完成以后，施工内容包含池底建造与驳岸建造，有时也包含配套设备（雨水收集池、水系循环设备、曝气充氧设备等）的建造。池底建造分为基层处理、防渗处理、种植土回填及水生植物栽植等步骤，建造过程的碳足迹部分来自于机械设备即建造设备。驳岸可分为硬质驳岸与软质驳岸两类，前者主要由混凝土或石块等硬性材料建造而成，建造工序包括基础建造、防渗处理和驳岸主体建造；后者主要以植物作为覆盖岸坡的材料，建造工序通常包括防渗处理、种植土覆盖和植物种植。其中，植物材料的碳足迹可全部归属于种植施工的碳足迹。

铺装 铺装施工的工序包括基层施工、稳定层施工和面层施工。基层施工使用的机械设备包括运输卡车、挖掘机和压实机械；稳定层施工主要的机械设备有混凝土搅拌车和混凝土泵车；面层施工应用的机械通常包括运输卡车和汽车起重机。综上所述，铺装施工的碳足迹主要来自机械设备。

设施 产品制造阶段的碳足迹即施工材料的碳足迹，施工阶段的产品运输和施工耗能碳足迹则绝大多数来自机械设备。

7.2.3.2 建造材料

地形 土壤改良措施中材料的碳足迹也不容忽视，如生产1kg生石灰会排放0.74kg CO_2，生产1m³细沙会排放0.09kg CO_2。主要的土壤改良材料包括细沙、化肥、土壤改良剂、微生物等。

植物 苗木种植的工序主要包括材料准备、施工放线、挖种植穴、苗木栽植及辅助措施等，这些工序涉及的碳足迹有辅助材料碳足迹，主要包含放线材料、排水材料、支撑材料、防护材料产生的CO_2排放。

水系 池底建造与驳岸建造过程中的碳足迹部分来自施工材料，施工材料主要包括砾石、砂石、防渗材料、种植土、水生植物等。

铺装 基层施工、稳定层施工和面层施工过程中，基层施工使用的材料主要有砾石、砂石、生石灰和黏土；稳定层施工使用的材料主要为混凝土；面层施工使用的材料则种类繁多，包括但不限于花岗岩、鹅卵石、砖、塑胶等。

7.2.4 运营维护周期碳足迹评价

7.2.4.1 植物养护

风景园林工程在运行过程中进行定期的养护，包括植物灌溉、修剪、堆肥、施药、枯落物处置等，在这一过程中，会因使用能源产生碳排放，同时对于特定的养护类型，不同方式也会产生不同的碳排放。

园林植物种植与养护阶段水量消耗是碳排放的主要来源。本环节以某住宅小区为例，阐释植物养护阶段中不同灌溉方式所产生的碳足迹评价以及相应的减碳策略研究。目前住宅小区园林养护灌溉方式主要有洒水车灌溉、人工水管灌溉、喷灌和滴灌，因此可以通过对其水利用效果的研究，选择减碳又节水的灌溉方式以实现对水的高效利用。

在定额消耗表中所涉及的用水量是水的消耗量，即净用量和损耗量之和。根据不同灌溉方式条件下灌溉水利用系数应用与分析研究可知，喷灌水利用系数为0.851，滴灌水利用系数为0.866，通过喷灌每公顷水消耗量为3275.63m^3、人工水管为4253m^3、洒水车灌溉为3951.76m^3，进行数据的转换推导，得出人工水管的水利用系数为0.655，洒水车灌溉的水利用系数为0.705。从表7-2可以更清晰地体现消耗量、净用量、损耗量三者之间的关系，在1m^3水净用量的条件下，4种不同灌溉方式的水消耗量和损耗量。

表 7-2 不同灌溉方式水消耗量、净用量和损耗量（薛甡阳 等，2022） m^3

灌溉方式	消耗量	净用量	损耗量
洒水车灌溉	1.418	1	0.418
人工水管灌溉	1.527	1	0.527
喷灌	1.175	1	0.175
滴灌	1.155	1	0.155

在相同净用量的条件下，滴灌的水消耗量最小，相较喷灌节水约1.73%，较洒水车节水约22.77%，较人工水管节水约32.21%，因此可以通过采用滴灌的灌溉方式提高水的利用率，从而减少养护阶段的碳排放。除灌溉外，植物养护的各个环节如修剪、堆肥、施药、枯落物处置等，其碳足迹的评价方式及相应的减碳策略皆可以此为参考。

另外，植物具有固碳释氧的作用。植物通过光合作用发挥固碳释氧的功能，对改善城市空气质量、实现城市生态系统良性循环具有重要意义。单株植物固碳测算主要采用同化量法（光合速率法），植物固碳包括乔木、灌木及地被植物的固碳量，在景观生命周期中的碳汇需计算在内。

评价还需识别植物养护过程中的减排潜力和优化策略。例如，可以采用节水灌溉技术、使用有机肥料替代化肥、推广生物防治技术等方法来降低养护活动的碳排放强度。同时，通过合理安排养护活动的时间和频率，也可以减少不必要的能源消耗和碳排放。

7.2.4.2 景观维护、改造

城乡蓝绿空间景观日常运行包括景观照明设施及水景、灌溉用电所产生的碳排放。景观维护是指在景观使用过程中，会发生景观构件、小品或设备磨损、老化等情况，需要对其进行局部的维护、检修，以保证正常使用。计算并评价城乡蓝绿空间的景观

维护与改造阶段的碳足迹，以常见的景观照明设施为例，各种照明灯、景观灯、草坪灯是耗电的主体，景观照明耗电CO_2排放量为耗电量与相应的CO_2排放系数的乘积。即：耗电CO_2排放量（kg）= 耗电量（度）× 0.785，其中0.785为根据国家统计局能源统计司所发布的《中国能源统计年鉴2009》中景观照明的CO_2排放系数。

景观改造是指为了提升景观的作用对风景园林工程（包括枯老病死的植物）进行拆除并重新建造。植物并不是永久的碳汇，枯老病死的植物分解或燃烧后，储存在它们体内的碳就又回到大气中，所以要及时对城乡蓝绿空间中的树林进行合理的补植，并且在管理工作中重视园林土壤腐殖质积淀，彻底改变燃烧落叶的劣习。

可再生能源减碳是指风景园林工程使用可再生能源设备主要为光伏发电系统，根据国标应考虑可再生能源减碳量，故使用这类设备产生的电力所对应的能源碳排放应予以扣除。

建设低维护城乡蓝绿空间，减少景观维护与改造过程中的碳排放对于其整个生命周期的碳足迹是至关重要的。低维护指的是减少景观维护与改造中的能耗和水耗，需要注意以下几点：最大限度地保留原生的植物丛林和群落结构；在兼顾市民活动、景观和微气候效应的条件下，尽量多地种植本地生长、适应力强、耐旱及高温的乔木；减少草坪，尤其是无遮阴的开敞草坪的面积；引进本地生长、适应性强、养护管理需求低的野花野草。

7.2.5　拆除周期碳足迹评价

城乡蓝绿空间景观工程在生命终期进行的拆除工作需要使用施工机械，因此会产生机械的能源消耗与碳排放，需要将该部分碳排放计入。同时，景观拆除物包括废弃物、回收材料、植物等，拆除物的处置主要为废弃物填埋、焚烧，回收材料的再加工，植物移植至其他绿地等。根据《建筑碳排放计算标准》（GB/T 51366），这一部分的碳排放仅计算拆除物运输到处理场地所产生的碳排放，同时植物焚烧会将固定的CO_2放回大气中，需将这部分固碳量也计算在内。

7.3　碳足迹评价手段

碳足迹评价手段主要聚焦于建造与运营维护周期，它对于衡量营建城乡蓝绿空间在这一过程中的环境影响至关重要。智慧化运营管理作为一种先进的管理方法，是一种运用信息技术和数据分析的先进手段。通过智慧化运营管理的碳足迹评价手段的应用，能显著提高企业运营效率、降低企业各方面成本，是优化决策的管理方法。

在这一框架内，智慧化运营管理涵盖了多个关键方面。①智慧平台，从可持续发展的视角审视城乡蓝绿空间景观设计的全生命周期的碳足迹，确保在设计前期、施工建造以及管理维护的每一阶段都全面考虑碳排放与能源消耗的影响。②城乡蓝绿空间的建造周期中应用建筑信息模型（BIM），通过数字化手段对建筑的全生命周期进行模拟和管理，从而确保项目从设计到运营的各个阶段都能实现高效协作和资源优化。③在运营周期，低碳智慧游园系统的构建也是智慧化运营管理的重要组成部分，该系统依赖于传感器和监测系统，实现对景区各项设施和环境的实时监控与数据分析。这不仅有助于及时发现并解决问题，还能为游客提供更加安全、便捷的旅游体验。④在维护周期，智慧化养护管理的完善也是提升运营效率、降低成本的关键环节。通过采用先进的养护技术和管理方法，可以确保建筑和设施在长期使用中保持良好的性能和状态，从而延长其使用寿命、减少维修和更换的频率。

通过综合应用这些智慧化运营管理的手段和工具，企业能够实现对碳足迹的有效评价和管理。这不仅有助于企业提高运营效率、降低成本，还能为企业在可持续发展和环境保护方面做出积极贡献。因此，智慧化运营管理无疑是现代企业中不可或缺的重要组成部分。

7.3.1 智慧平台

从可持续发展的视角审视城乡蓝绿空间景观设计的全生命周期的碳足迹，确保在设计前期、施工建造以及管理维护的每一周期都全面考虑碳排放与能源消耗的影响。通过BIM和GIS软件，可以精准地量化城乡蓝绿空间内各要素的固碳效益，确保这一效益建立在严谨的数据和实际验证之上。这不仅是实现碳达峰、碳中和目标的起点，更是推动城乡蓝绿空间绿色、低碳发展的关键一环。对于城乡蓝绿空间的全生命周期监测与管理，可以借鉴智慧平台解决方案，这一方案运用GIS、大数据、云计算、虚拟化和物联网等前沿技术，整合资源、服务、管理和应用系统，旨在提升应用交互的明确性和灵活性，进而实现基于GIS的智慧化服务与管理（图7-4）。

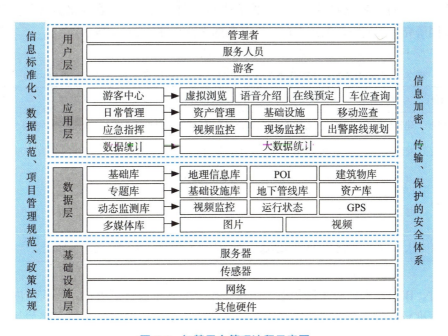

图7-4　智慧平台管理流程示意图

7.3.2 建筑信息模型（BIM）

BIM在城乡蓝绿空间的建造周期发挥了重要作用。BIM（平台网址：http://www.probim.com.cn/）是由Autodesk公司在2002年提出的一种应用于工程设计、建造、管理的数据化工具，是建筑学、工程学及土木工程的新工具。建筑信息模型（BIM）技术通过数字化建模和数据管理的方式，将建筑项目的所有相关信息整合成一个可视化的三维模型，用于协调各参与方在项目全生命周期中的设计、施工和运营管理。BIM技术的应用可以减少设计错误和成本，增强工程项目的协同和可视化管理，同时提供了更高水平的信息共享和交流平台，推动建筑行业的数字化转型和智能化发展。

由于建筑组成结构复杂且寿命周期长，对其进行碳排放计算主要存在数据收集困难的问题。作为建筑的信息载体，BIM技术能为碳排放计量提供强大的数据支撑，将其融合于建筑全生命周期碳排放的研究中是行业发展的趋势。同时，在其他相关领域，城乡蓝绿空间作为城市发展的重要组成部分，不仅关系到城市的生态环境，还直接影响到居民的生活质量。BIM技术的应用，在城乡蓝绿空间的建造阶段提供了全新的视角和解决方案。

在建筑碳排放计算领域，BIM技术的理论方法首先需要确定基于BIM的碳排放计算边界。建筑碳排放计算边界的确定需要考虑时间和空间两个维度。时间维度上，一般将建筑全生命周期碳排放划分为生产阶段、运输阶段、建造阶段、运营维护阶段、拆除阶段5个部分，即建筑从"摇篮到坟墓"的过程，也考虑回收阶段，即建筑从"摇篮到摇篮"的过程。其中，基于BIM技术的建筑运行阶段碳排放研究较为成熟，计算途径相对统一。而由生产阶段、运输阶段、建造阶段构成建筑的物化阶段，在BIM模型的应用方法上一般会与运营维护阶段有所区分。在空间维度上，尽管我国的建筑碳排放计算标准已对各阶段的碳排放计算内容进行了明确定义，但在BIM的结合应用过程中，不同研究对于同阶段的碳排放计算对象的选择存在差异（表7-3）。

表 7-3 《建筑碳排放计算标准》（GB/T 51366）中各阶段的建筑碳排放计算内容

阶段划分	碳排放内容
生产阶段	建筑材料生产过程的直接碳排放及涉及的原材料和能源的开采、生产、运输过程的碳排放
运输阶段	建筑材料从生产地到施工现场的运输过程的直接碳排放和运输过程所耗能源的生产过程的碳排放
建造阶段	分部分项工程施工和各项措施项目实施过程产生的碳排放
运营维护阶段	暖通空调、生活热水、照明及电梯、可再生资源、建筑碳汇系统在建筑运行期间的碳排放
拆除阶段	人工拆除和使用小型机具机械拆除使用的机械设备消耗的各种能源动力产生的碳排放

同时，BIM技术的应用还包括选定基于BIM的碳排放计算方法。当前国内外研究中认可程度较高的碳排放计算方法主要有碳排放系数法、质量平衡法和实测法。碳排放系数法研究侧重于如何借助BIM模型高效提取各阶段的资源活动数据，并通过公式

计算得到碳排放预测值或核算值。部分研究则采用布设传感器的方式，将实时采集到的设备能耗数据转化为碳排放，并与BIM模型进行自动关联，建立建筑数字孪生模型。与碳排放系数法相比，后者更能发挥BIM模型优势，实现建筑碳排放的实时监测及空间统计，但目前仅适用于运行阶段。

BIM技术在建造周期中的应用广泛而深入，可以帮助团队在施工阶段对碳排放进行实时监测和管理，其独特的优势为现代建筑施工管理带来了变革。通过将施工材料的信息整合到BIM模型中，可以追踪和记录每个材料的碳足迹，并在施工过程中进行实时监测。这有助于项目团队对碳排放进行控制，及时发现和解决可能导致碳足迹增加的问题。在冲突检测方面，施工人员可以借助BIM技术进行现场布置的合理规划，通过展示和介绍场地布置、调整情况及使用情况，实现更有效的沟通，确保施工的有序进行。在进度管理方面，BIM技术使得建设项目进度计划的展示变得直观可见，通过与实际完成情况的对比分析，能够迅速识别出与进度计划的偏差，从而合理纠偏并调整进度计划。这不仅解决了施工进度计划编制中的不合理之处，还改善了参与者之间的沟通和衔接问题。同时，BIM技术在成本管理方面也发挥着重要作用。通过合理安排资金、人员、材料和机械台班等各项资源的使用计划，BIM技术有助于实施过程中的成本控制，减少重置施工与失败成本，进而节省工期。BIM技术还能对建筑材料进行废物分析，实现可回收建筑材料的回收利用，有效降低项目成本。在质量管理领域，BIM技术的信息集成整合、可视化和参数化设计能力，极大地简化了信息处理的复杂性，确保了信息的准确性和一致性。这为项目各参与方之间的信息交流和共享提供了坚实的底层支撑，提升了项目管理的整体效率。此外，BIM在施工模拟方面也表现出色。通过在工程开始前进行施工仿真，BIM技术能够预测并减少施工现场的空间冲突，直观地帮助工程人员优化空间配置，从而保证工程的顺利进行，避免不必要的重工问题。通过对建设周期监测与模拟可以在一定程度上更加全面地了解和管理项目的碳排放情况，提高可持续性，减少对环境的影响，并推动绿色建筑的发展。

BIM技术在城乡蓝绿空间的营造上的具体应用可以参考在绿色建筑设计中的应用。例如，搭建多方参与的设计平台、优化设计方案的环境适应性、更为有效地利用自然资源、应用分析施工过程中的材料、对城乡蓝绿空间进行全生命周期的管理、模拟施工以实现生态建设、整合和优化处理的运营管理时期数据等。

7.3.3 低碳智慧游园系统

低碳智慧游园系统在城乡蓝绿空间的运营周期发挥其重要作用。构建低碳智慧游园系统并搭建智慧管理平台，将智慧科技与减碳行动紧密结合，实现园内碳排放量的数字化、可视化和在线化监测。在智能化管理方面，方案运用5G、大数据等技术，构建基于互联网的低碳智慧公园服务平台，通过实时数据采集分析，全面监测园区的碳排放、碳足迹、客流量及游客画像等信息，从而显著提升公园的智能化管理水平。同时，方案还打造了一站式的智慧便民服务平台，涵盖分时预约、智能导览、智能驿站等功能，以优化游客的游园体验。其中，分时预约系统通过"限量、错峰"措施减轻公园载客压力；智能导览利用VR、AR技术为游客提供个性化的游园路线规划和沉浸式的游览体验，并与低碳景观互动，增强人工智能在低碳交流空间中的应用，使游客能更立体地了解公园的历史、布局、设施及碳汇知识；智能驿站则通过集成多种智能设备，为游客提供全面的"吃住游娱购"信息。此外，智慧安全系统能在游客遇到危险时迅速响应，通过紧急求助对讲终端等设备实现现场画面和声音的及时传达，确保游客安全。

例如，北京温榆河公园的未来智谷整个园区设置智慧机房，超大屏幕上有视频监控系统、应急求助系统和环境检测系统等；通过扫描或触摸园区内的湿地音乐厅，使其互动播放，帮助游客认识动植物（图7-5）；在碳心广场运用积分打卡、低碳望远镜、低碳百科启蒙等，将科普教育与科学技术结合起来，体现科技互动氛围（图7-6）。

图 7-5　北京温榆河公园的未来智谷智慧机房和湿地音乐厅（冯宇璇，2023）

图 7-6　北京温榆河公园的未来智谷低碳望远镜和低碳百科启蒙（冯宇璇，2023）

7.3.4　智慧化养护管理

智慧化养护管理方法有望广泛应用于城乡蓝绿空间的维护周期。智能化园林养护，通过巧妙地运用物联网和互联网的前沿技术，结合传感器设置智慧化监测感知设备实时收集信息建立数据库，处理分析后更科学地养护管理，实现了对传统园林养护方式的革新。

例如，在公园部署墒情监测设备智墒和全电子气象站天圻的智能化养护系统，旨在收集关键的环境感知数据以支持智能化养护决策。这些墒情监测设备被精心安装在草坪、灌木和树木等附近，能实时监测感知植物的需求，如实地反映土壤的水分状况及变化、地表和地下的温度、植物活跃根系的位置及比例，以及各类气象数据等对植物的生长环境的影响因素。结合历史数据、未来预测数据，实时获取植物的生长信息，自主分析根系的活跃位置及分层比例，智能识别作物的缺水胁迫状态。这些分析结果为灌溉策略的制定提供了科学依据，包括灌溉时间、深度、定额和周期等关键参数。在一次灌溉完成后，土壤墒情监测设备会持续监测，分析入渗速率，并提供灌溉反馈，从而优化下一次的灌溉参数。同时，气象实时监测功能能够实现基于气象阈值的灌溉控制，并设置不同气候条件下的灾害预警分级，积累气象灾害数据。这些实时数据与灌溉控制设备相连，实现了灌溉和施肥等过程的自动化、智能化监控、计量和评估。

智能化的园林灌溉管理系统不再依赖于传统的人工操作，而是通过手机终端来实现。物联网智能设备的应用使得园林养护的全过程实现了动态监测，它采用动态智能化的分区管理策略，根据土壤性质和地形条件进行间歇灌溉，从而避免了灌溉过量和不足的问题，养护过程更加简单化、标准化、流程化和自动化（图7-7）。同时建立独特的园林植物需水数据库还需深入研究不同植物的需水规律，另外，应建成园林病虫害数据库预测园林病虫害的发生。

图 7-7　墒情监测设备——智墒和气象监测设备——天圻

这些数据的积累和应用将逐渐渗透到人们生活的方方面面，改变我们的生活方式和工作方式。例如，出门散步时，可以通过手机提前了解附近公园的空气质量、绿化覆盖率和人流量情况，从而选择最佳的游园路径，提升游园体验。智慧园林的建设不仅是提供给城市管理者的工具，更为人们亲近自然、参与自然、保护自然提供了途径和窗口，也为市民的精神文明建设打造了更匹配的环境。智慧园林的建设和推进是时代发展的需要，也是智慧城市建设的必要组成部分，与我们每个人的生活密切相关。

7.4　应用实例

智慧园林的建设不仅是提供给城市管理者的工具，更为人们亲近自然、参与自然、保护自然提供了途径和窗口，也为市民的精神文明建设打造了更匹配的环境。智慧园林的建设和推进是时代发展的需要，也是绿色低碳城市建设的必要组成部分，与每个人的生活密切相关。

7.4.1 无锡市经开区零碳环智慧方案*

城市需与时俱进，在更新中不断焕新。在"双碳"目标下，实施城市更新和绿色低碳是推动城市高质量发展的重要路径。低碳绿色城市更新的内涵，就是美好生活方式新理念与新技术的利用，可持续发展模式下，城市更新应构建新的目标：为绿色低碳的美好生活方式提供适宜的场景，打造更契合未来的发展方向；更绿色的城建理念；更具关怀的市民空间。

无锡市经开区零碳环智慧方案落实"绿色规划"，践行低碳理念，主要聚焦于项目的建造阶段，旨在实现低能耗与高碳汇目标，并对机械设备和建造材料这两大主要碳足迹来源进行了统筹优化。在植物材料的选择上，项目对树木碳汇进行了相对精确的预测与计算。此外，在项目的运营维护阶段，提出了多项旨在保持低能耗并增加绿色能源使用的策略。智慧街区的营造与零碳科普之旅的构建不仅有效鼓励市民参与低碳生活和运动，同时也是前文所述碳足迹评价手段的实际应用案例。

项目位于江苏省无锡市经开区"四区一核"的核心区域，地理位置优越（图7-8）。清舒道、尚贤道位于无锡太湖新城核心区的中瑞低碳生态城。作为践行"双碳"理念的标杆，中瑞生态城是无锡首条"零碳生态项链"。以清舒道、尚贤道构成的零碳示范环，与零碳生态项链大部分重合，是串联会议中心、湿地公园和奥体中心的重要环线以及零碳建设的重要组成部分，也是揭开零碳城市开放街区公共空间营造的序幕（图7-9）。

图7-8 项目实景

---

* 本案例和7.4.2案例由甲板智慧有限公司提供相关资料和专业支持。同时，广州山水比德设计股份有限公司和北京园林古建设计研究院也给予了帮助，在此一并表示感谢。

图 7-9　中瑞低碳生态城实景

街道作为城市功能空间的纽带，结合基地现状条件多维功能叠加，在城市更新中逐步实现低碳、智慧、慢行、活力的实验街区，拓展生态公园边界，使城中漫步似在园中游。自然为底、趣游漫步、智慧融合，将绿色与日常有机叠加。项目打造的零碳示范环将结合近期的实施载体建设，集休闲娱乐、乐活健康、亲近自然、亲子娱乐和零碳展示功能于一体，形成场景营造以及特色展示的慢行示范线路。

此项目的主题被赋予了深刻的含义——零碳之环，不仅是一处绿色慢行示范街区，更是未来低碳智慧、活力慢行的试验街区。项目致力于打造集城市道路、慢行系统、公园绿地、滨水海绵湿地、休闲设施为一体的复合型低碳道路景观。在场地内，多处体现了零碳理念的设计落位，彰显了项目对环保和可持续发展的坚定承诺。

在项目的建造阶段，零碳街区的建设以绿色建设为目标，实施低影响开发，呵护城市中共生的绿色生命力；同时实施精细化设计与建设，避免过度碳排。以低能耗和高碳汇为目标，针对机械设备和建造材料这两大碳足迹来源进行了统筹优化（图7-10）。

在材料选择方面，考虑到石材作为天然且不可再生材料在开采和运输过程中会产生大量碳消耗，项目降低了大面积天然石材的使用量，转而采用预制聚合物产品作为替代。同时，项目还积极采用低碳新型材料，如轻质、易于施工、可降解的木材、石子聚合物、膜材质等。在道路改造材料的选取上，生态铺装和透水铺装的采用也充分回应了零碳主题，体现了项目的环保理念。此外，项目还注重提高可回收材料的利用率。例如，将拆除的花岗岩道牙破碎为骨料作为覆面材料使用。在施工阶段，项目同样遵循低耗能的原则，尽量将建设过程设置于工厂现场以装配为主、集约化建设，以减少施工过程中的碳

图 7-10　场地中细致评估后协调路径保留的植株

排放。这一举措不仅有助于项目的环保建设，还提高了施工效率和质量。在植物材料的选择方面，完善植物景观营建，要注重保留植物持续建设中的高碳汇（表7-4）。

表 7-4　场地保留植物品种固碳量估算表

保留植物名称	年单位吸收量（kg CO$_2$）	数量（株）	年固碳量（kg CO$_2$）	保留植物名称	年单位吸收量（kg CO$_2$）	数量（株）	年固碳量（kg CO$_2$）
香 椿	60.2	56	3371.2	枫 香	10.8	223	2408.4
榉 树	75.6	11	831.6	金叶榆	8.96	244	2186.24
银 杏	18.48	21	388.08	栾 树	15.6	22	343.2
合 欢	10.05	12	120.6	女 贞	32.8	56	1836.8
无患子	82.4	318	26 203.2	水 杉	23	311	7453
朴 树	67.4	10	674				

在绿色建设过程中，城市海绵体系也是必不可少的环节，街道侧错落布置海绵设施不仅可以吸纳雨水，增强城市的雨洪韧性，还可在净化、滞留雨水的同时为城市织就多彩的繁花锦。市民漫游在城市中，雨水花园相伴，关注自然的花叶荣枯，体会城市四季生命力，感受城市的呼吸（图7-11）。

城市布置海绵设施以进行雨水自然积存、自然渗透、自然净化，同时能为昆虫、鸟类等动物提供食物和栖息地，有效丰富植物品类，结合周边绿化植被，实现自然的固碳过程，达到碳汇目的。同时，雨水花园的渗透设施可以减缓水流速度，适度缓洪，缓解瞬时城市市政排水压力，防止溢水现象的发生，有效地改善道路的排水问题，从而提升场地环境质量（图7-12）。各类海绵设施的布置场地总体年径流总量控制率为62.16%，面源污染削减了40.34%。

图 7-11 项目人行道内侧带型雨水花园

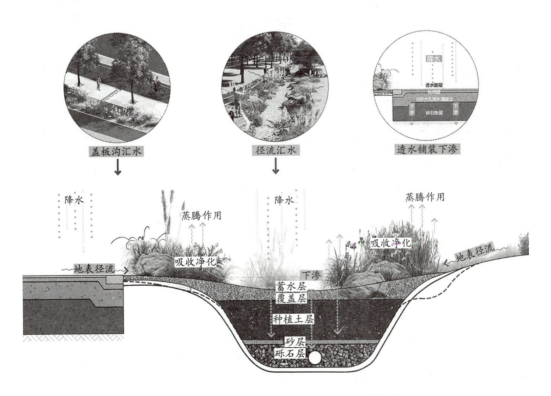

图 7-12 雨水花溪结构分层——净化下渗涵养雨水

此外，项目不仅对雨水草沟进行了生态优化，还增加了海绵城市科普互动展板和生态行走路径。同时增设了跑步步道、城市界面和滨河延展面的交流休憩空间，优化了桥下空间并增加了桥下柱体的立体绿化。这些改造措施不仅提升了道路的美观性和实用性，也为市民提供了更加舒适、便捷的出行环境。

项目在建设运营阶段，因地制宜，将生活嵌入自然，让人们能拥抱绿色生活。绿色城市需关注人与自然的融合，于自然中镶嵌公众空间，在日常生活中平衡舒适度与绿色低碳之间的关系。慢行系统蔓延在林间，为漫步城市营造惬意氛围，倡导低碳出行，行走在城市中感受、"阅读"城市（图7-13）。

图7-13　清晏路国家会议中心对侧绿地内下沉绿地

在植物景观方面，项目注重加强行道树种的延伸性形象，营造出疏朗的车行体验（图7-14）。特别是打造的彩色叶林荫骑行道，以清新雅致的蓝紫调为底色，烘托出道路优雅与未来的气质。在水体景观节点区域，项目根据水体的不同深度选择了相应的植物，形成了沉水植物、浮水植物、挺水植物、旱湿双生植物的过渡，丰富了景观的层次感。此外，不同植物的组团式搭配种植也为景观增添了多样性，植物与石子、卵石的结合构建了有利于雨水调蓄的景观系统。在植物配置上，项目充分发挥了既有植物特色，营造了生态种植特色空间。上木部分保留了列植水杉带作为特色秋景，同时替换了局部长势不佳的行道树；下木部分则增设了线形雨水花溪，并选用了低饱和度缤纷色的草本植物，共同营造柔和、生态的街道氛围（图7-15）。

图 7-14　保留成熟乔木的林荫骑行空间

图 7-15　丰富的自然色彩装点慢行空间

除绿色建设外，零碳之环绿色智慧实验街区项目的另一个重点为智慧场景的营造。项目更新中充分结合现场条件及城市的整体发展趋势，在满足通行、优化通行的前提下，着重拓展城市生活空间类型、完善城市服务设施、提升市民参与度，并采用低碳建设、低碳运营，推广低碳生活模式，使街道作为距市民最近的休闲交互空间，充分服务于大众的生活（图7-16）。

图 7-16 智慧场景模式图

同时，通过"绿色点亮"活动，让普通人参与到低碳生活中。通过"+""-""×""÷"的方式打卡"零碳之环"（图7-17）。

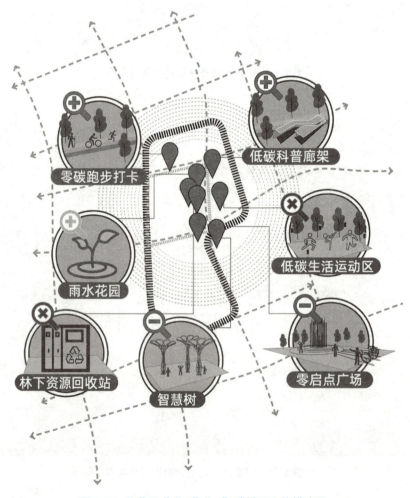

图 7-17 "+""-""×""÷"碳循环之旅模式图

① "+" 知识——宣传零碳知识，认识低碳绿色　结合景观设置可持续排水措施，利用雨水花园来净化、滞留雨水，结合周边绿化植被实现自然的固碳过程，达到碳汇目的。此外，设置雨水花园、植物固碳科普展示区，让游客直观地了解到湿地碳汇、植物固碳的碳汇相关知识、共同构建更加绿色和可持续的未来（图7-18）。

图 7-18　海绵城市断层展示图

② "-" 碳排——使用清洁能源，降低运营碳排放　通过智慧设备对光伏的收集和利用，有效降低园区对传统能源的依赖，从而减少碳排放（图7-19）。作为"零碳环"的标志物，智慧树象征着能源的转换和循环，作为"零碳环"的起点，树立碳中和理念。智慧树上的叶片是由太阳能晶硅板组成，吸收光伏能量，并将其转化为电能，作为清洁能源为智慧树的灯光和街区的其他设备供电。

图 7-19　智慧树——光伏集电

零启点广场正中央的零碳灯泡艺术雕塑象征低碳循环之光,结合广场中央下部设置光伏路面,光伏路面发电用于互动设施用电和景观照明等,实现循环利用。搭配动感骑行装置,骑行互动的同时,地面流动的科技灯带会随之亮起(图7-20)。

图 7-20　零启点广场——光伏集电与互动光影

③ "×"倍用——关注返航回收,充分利用资源　低碳科普展廊以环保材料进行打造,顶部为太阳能发电光伏膜,廊内安装实时数据监管系统,可以清晰地观看到区域内的碳排放量、资源利用情况等各种数据。让来往的游客充分认识低碳能源的多效利用(图7-21)。

图 7-21　低碳科普展廊——能源监测与多效利用

生活垃圾在资源回收站可以进行回收再利用,一方面可以使其重新具备使用价值,倡导资源的多效利用;另一方面可以换取碳积分,兑换"种子盲盒"小礼品。同时在资源回收站节点的地面铺装采用了回收石材,实现了资源再利用(图7-22)。

图7-22 资源回收站——多效利用

④ "÷"负担——骑行互动装置、智能体检、AI健身教练等设施与零碳积分小程序结合,推广城市低碳生活模式 通过低碳生活运动区和零碳循环健身步道建设,为游客提供一个充满乐趣和运动活力的健身环境(图7-23、图7-24)。健身步道通过零碳环打卡装置在跑步时实时反馈的瞬间速度、运动历程等相关数据,让游客在关注身体数据的同时进行科学的运动。

图7-23 骑行互动装置

图 7-24 低碳 AI 健身教练

响应国家"双碳"发展目标,通过这些改造和升级措施,零碳之环项目不仅提升了道路和街区的整体品质,也积极回应了可持续发展和零碳目标的要求。项目的成功实施不仅为市民提供了更加舒适、便捷的出行环境,也为城市的绿色发展和智慧化建设树立了典范(图7-25)。未来,项目将继续致力于推动城市的可持续发展,为市民创造更加美好的生活环境。

图 7-25 项目实景

城市绿色更新旨在通过采取可持续发展措施，建设可持续的慢行系统城市硬件，采用循环经济，利用数字技术管理实现运营跃升，激发市民的参与热情，共同建设低碳绿色的零碳城市。景观设计是实现碳中和、碳达峰的重要环节之一，经过持续建设，中瑞低碳生态城已经达到国家绿色生态城区高标准。项目以城市营造为突破口，适应全球气候变化，研究生态经济、生态人居、生态文化和生态环境的理念和方法，通过对当下城市问题的探索和实践，寻找中国城市的未来之路，探索可持续发展建设的新模式。

7.4.2 北京市温榆河"碳中和"公园昌平一期

温榆河"碳中和"公园项目主要聚焦于城乡蓝绿空间的运营与维护阶段的碳足迹，提出一系列低碳减排策略，同时也是前文碳足迹评价手段中低碳智慧游园系统构建的详细阐释。

在碳中和与碳达峰成为政府工作报告的焦点，以及这一目标推动经济社会全面绿色转型的大背景下，温榆河公园昌平一期（即"未来智谷"一期）的建设承载着高起点设计、高标准建设、高效能运营的指导思想。该项目不仅延续了温榆河公园（一期）的设计理念并注入新的元素，更充分发挥了未来科学城"能源谷"的独特优势，致力于打造出具有昌平特色的温榆河公园。在此过程中，保护生物多样性、促进人与自然和谐共生、确保建筑风格与公园风貌的协调，以及造林与造景的完美结合，都是项目团队所秉持的重要原则。

一期被定位为北京市首个以"碳中和"为主题的公园。这个定位不仅凸显了科技感、参与感和设计感，更通过大尺度的绿化工程，打造了一个适合所有年龄层次的科技游乐园。昌平一期的建设积极响应了国家的双碳目标，通过碳中和的启蒙和科普教育，为未来公园的发展方向奠定了坚实的基础。

在项目的运营阶段，温榆河公园昌平一期提出了一系列具有很高参考价值的低碳减排策略（图7-26）。其中，以"碳中和"为核心主题，通过主题空间的演绎，激活了公园的科普研学旅游功能，向游客阐述了构建人类命运共同体的深远意义。与此同时，城市公共休闲空间的配置与设计正朝着物理空间的孪生、再现、增强感知、智慧化以及趣味活力的方向转变。数字化技术的应用不仅激发了空间活动的多样性，也通过引导"休闲玩乐"行为，为公共空间注入了新的活力。

为了更好地实现碳中和目标，温榆河公园积极构建了"碳中和"的智慧积分体系与数字运营活力场景。通过碳积分小程序与线下设备的联动，采用获取积分—使用积分的模式，激励和促进游客的低碳生活和低碳行动。这种创新的运营模式不仅为公园带来了活力，也通过增加活动运营营收，为公园的可持续发展提供了有力支持（图7-27）。

在公园的运营和维护阶段，昌平一期致力于打造城市公共休闲空间的线上线下数字运营体系。以温榆河未来智谷为试点，实施了个人低碳积分账户的线上线下数字运营模式（图7-28、图7-29）。游客可以通过创建个人账户体验这一模式，通过与园区设

图 7-26　温榆河公园低碳减排策略

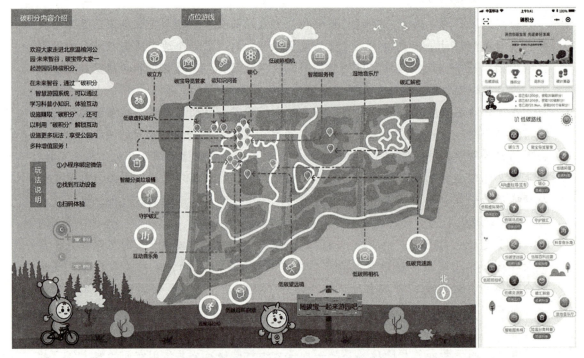

图 7-27　温榆河公园"碳中和"智慧积分体系

图 7-28　温榆河公园"碳中和"智慧积分线下活动模式图

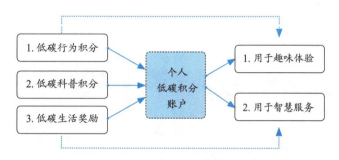

获取积分：与园区中设备互动，在园区中完成环保低碳行为，完成科普知识问答等
消费积分：用于园区中设备增值服务（如球场预约、寄存）、文创产品兑换等

图 7-29　温榆河公园"碳中和"智慧积分体系运营模式图

备的互动、完成环保低碳行为以及科普知识问答等方式获取积分。这些积分可以用于兑换园区设备的增值服务、文创产品等，从而形成一个良性的积分循环机制。系统后台还根据场景的运营情况开发了可调节的积分核算机制，确保了积分体系的公平性和可持续性。

同时，与积分关联的休闲打卡场景也映射了另一个公共空间为城市解决的功能问题——国民户外活动需求。考虑到我国人口基数大、人均空间小的现状，以及休闲需求呈现出的井喷式增长，如何合理规划和利用国民的公共休闲空间显得尤为重要。针对如何打造可持续的碳中和公园这一问题，温榆河公园提供了一个有益的范例：打造"智慧+"城市公共休闲空间场景。这一系列场景都围绕着公共空间的刚需属性即户外健身、儿童科普、文化娱乐、公共服务等展开。

在健身休闲场景方面，温榆河公园综合考虑了各年龄段的需求，设计了全龄智慧健身设备和健身场景（图7-30）。这不仅提升了人均体育场所面积，还鼓励全体群众参与健康运动。公园内还应用了智慧健身体检设备，引导群众进行正确科学的运动健身，并提供运动能力的有效评估和科学建议。此外，公园还打造了全民能量运动场，增设了多种类型的智慧健身产品，如全民AI骑行教练、AI马拉松跑道、全龄运动会等，满足了不同人群的需求。

在儿童娱乐场景方面，温榆河公园采用了设计、建设、运营一体化的商业模式，营造了生态科普公共空间，并增设了生态科普产品（图7-31）。例如，基于AR望远镜实现的生态科普探索故事线，让孩子们在学习的过程中探索生态观测点，巩固知识并收获反思与价值。

图 7-30　温榆河公园智慧健身场景

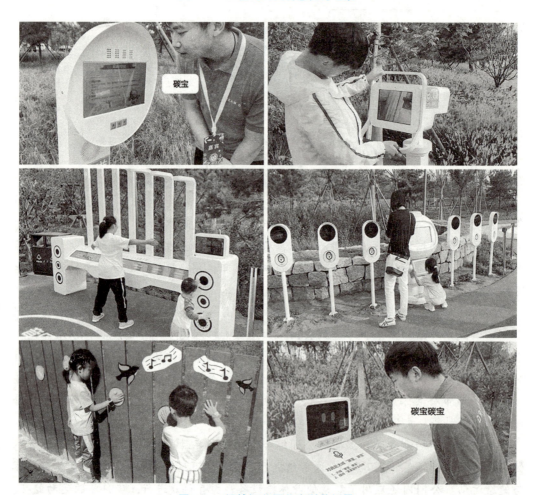

图 7-31　温榆河公园儿童科普场景

文化娱乐装置则是通过艺术化的装置设计和建设，打造了网红打卡点、核心构筑物等应用场景（图7-32）。利用现代科技、时尚文化使公园吸引人流、聚集人气，再利用人流量赋能其他场景，形成可持续的运营活动。

在公共服务场景方面，温榆河公园在全园范围内配备了多处智跑准备区、低碳便利店等公共服务站点。同时，还提供了智能售卖机、智能租赁柜、智能存包柜、智能AR导览车等智慧服务类产品，为游客提供了便捷、高效的服务体验（图7-33）。例如，AR导览无人车不仅能在行驶路径上展示低碳与景观文化等信息，还能与游客产生亲切互动，增强了空间的趣味性和活力。

此外，公园还配备了智能化管控平台，实现了生态监测、运营管理和养护管理3个方面的精准高效管控（图7-34）。生态监测方面，园区生态效益和水质状况得到了显著提升；运营管理方面，智能化管控平台的应用大幅减少了园区综合能效和人力巡检消

图7-32　温榆河公园互动娱乐场景

图7-33　温榆河公园公共服务场景

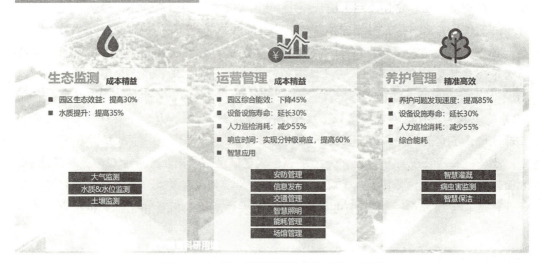

图 7-34　温榆河公园智能化管控平台示意图

耗，延长了设备设施寿命，并实现了分钟级响应速度在安防管理、交通管理、能耗管理、智慧照明、信息发布、场馆管理等多个方面的应用，展现了智慧应用场景的广泛性和实用性；养护管理方面，通过提高养护问题发现速度、延长设备设施寿命及减少人力巡检消耗等措施，显著降低了综合能耗并提高了作业效率。同时，智能采集设备与系统的应用为科学作业提供了判定依据，并通过实时动态监测，数字化管控植物生长环境，为园林内部的养护和病虫害防治等提供了有力支持（图7-35）。

图 7-35　温榆河公园智能化管控平台场景

值得一提的是，温榆河公园还注重线上线下数字运营，通过打造多类型碳中和主题活动、完成低碳IP运营等方式激发空间活力。此外，公园还在积极营建"碳中和主题公园2.0"，以大尺度生态空间为基底，以创造碳中和语境下的未来生活为目标，通过科学、艺术、生态相融合的表现形式和碳积分引导的行为逻辑，探索新型低碳经济生态空间的建设、发展模式，深刻诠释"生态·生活·生机"的内涵。这不仅为市民提供了一个休闲娱乐的好去处，也为城市的可持续发展做出了积极贡献（图7-36）。

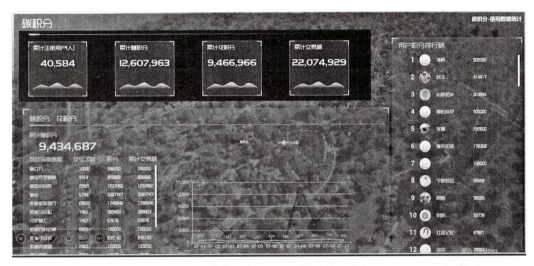

图 7-36　温榆河公园可持续运营平台

思考题

1. 尝试研究某一实际案例，从生产、运输、建造、运营维护、拆除的全阶段提出减排策略。
2. 温榆河公园是如何实现"碳中和"这一核心主题的？有何值得未来借鉴之处？

拓展阅读

总体设计. 凯文·林奇，加里·海克. 中国建筑工业出版社，1999.

参考文献

曹雨，2023. 建筑景观园林工程生命周期二氧化碳排放计算方法研究[D]. 西安：西安建筑科技大学.

崔永杰，2019. 新建人工湖设计与施工关键技术分析[C]//中国建筑学会建筑给水排水研究分会第三届第三次全体会员大会暨学术交流会论文集：470-475.

冯宇璇，2023. "双碳"视角下城市口袋公园景观设计研究[D]. 郑州：中原工学院.

葛书红，2015. 煤矿废弃地景观再生规划与设计策略研究[D]. 北京：北京林业大学.

郭新想，2010. 居住区绿化植物固碳能力评价方法研究[D]. 重庆：重庆大学.

何亮，2022. 基于要素分类和来源分解的景观施工碳足迹统计框架初探[C]//中国城市规划学会风景环境规划设计学术委员会. 见山见水见风景——中国城市规划学会风景环境规划设计学术委员会2022年会论文集，中国建筑设计研究院有限公司.

冀媛媛，罗杰威，王婷，等，2020. 基于低碳理念的景观全生命周期碳源和碳汇量化探究——以天津仕林苑居住区为例[J]. 中国园林，36（8）：68-72.

凯文·林奇，加里·海克，2016. 总体设计[M]. 3版. 黄富厢，朱琪，黄小亚，译. 南京：江苏凤凰科学技术出版社.

李波，张俊飚，李海鹏，2011. 中国农业碳排放时空特征及影响因素分解[J]. 中国人口·资源与环境，21（8）：80-86.

林珠，2018. 北京市平原造林典型困难立地土壤质量评价及改良建议[D]. 北京：北京林业大学.

钱思祺，秦安华，蔺阿琳，2022. 园林工程建设阶段碳排放量化及减碳策略研究——以北塘河公园为例[J]. 建设科技，20：47-50.

曲辰，牛萌，孔柏涵，2023. 园林工程项目碳排放测算研究与进展[J]. 市政技术，41（12）：179-187.

苏绍云，2020. 园林景观地面铺装施工技术研究[J]. 四川建材，46（11）：233-234.

孙海燕，祝宁，2008. 哈尔滨市绿化树种生态功能研究（1）[J]. 中国城市林业（5）：54-57.

王丹阳，2022. 老旧小区改造的碳排放研究[D]. 济南：山东建筑大学.

熊向艳，韩永伟，高馨婷，等，2014. 北京市城乡结合部17种常用绿化植物固碳释氧功能研究[J]. 环境工程技术学报，4（3）：248-255.

徐照，方卓祯，李德智，等，2024. BIM技术在建筑碳排放计算领域研究进展[J]. 建筑结构，54（5）：138-148，116.

薛甦阳，朱建君，胡承兴，等，2022. 住宅小区景观植物种植养护阶段碳排放测算及减碳策略研究——以南京市江宁区某小区为例[J]. 建设科技（10）：66-69.

杨士弘，1994. 城市绿化树木的降温增湿效应分析[J]. 地理研究（4）：48-52.

殷利华，姚忠勇，万敏，2012. 园林绿化工程施工阶段碳足迹研究——以武汉光谷大道隙地绿化工程为例[J]. 中国园林，28（4）：66-70.

郑峰，2018. 园林景观铺装工程施工技术研究——海新阳光公寓二期（4#~9#楼）室外景观工程为例[J]. 河南建材（4）：181-182.

郑志龙，张春华，2015. 昌吉市滨湖河中央公园人工湖池底驳岸设计与施工[J]. 园林（1）：40-43.

HUGHES LYNSAY, ALAN PHEAR, DUNCAN NICHOLSON, et al., 2011. Carbon dioxide from earthworks: a bottom-up approach[J]. Civil Engineering, 164（2）：66-72.

PARK H M, JO H K, KIM J Y, 2021. Carbon footprint of landscape tree production in Korea[J]. Sustainability, 13（11）：5915.

附录 有关政策文件、机构、术语等的中英文对照

名　词	英　文	缩略语
政策文件		
《联合国气候变化框架公约》	*United Nations Framework Convention on Climate Change*	UNFCCC
欧洲气候风险评估报告	European Climate Risk Assessment	EUCRA
欧盟共同农业政策	EU Common Agricultural Policy	CAP
国家自主贡献	National Determined Contributions	NDCs
《欧洲适应气候变化绿皮书》	*Green Paper from Adapting to Climate Change in Europe*	
《适应气候变化白皮书》	*White Paper on Adaptation to Climate Change*	
《欧盟气候变化适应战略》	*EU Climate Change Adaptation Strategy*	
千年生态系统评估	Millennium Ecosystem Assessment	MEA
机构		
联合国政府间气候变化专门委员会	Intergovernmental Panel on Climate Change	IPCC
联合国防灾减灾署	United Nations Office for Disaster Risk Reduction	UNDRR
世界气象组织	World Meteorological Organization	WMO
欧盟委员会	European Commission	EC
欧洲环境署	European Environment Agency	EEA
饥荒预警系统网络	Famine Early Warning Systems Network	FEWS NET
世界卫生组织	World Health Organization	WHO
联合国粮食和农业组织	Food and Agriculture Organization of the United Nations	FAO
亚洲开发银行	Asian Development Bank	ADB
经济合作与发展组织	Organization for Economic Co-operation and Development	OECD
国家气候变化适应研究中心	National Climate Change Adaptation Research Facility	NCCARF
术语		
气候变化	climate change	
全球变暖	global warming	
气候异常	climate anomaly	

名　词	英　文	缩略语
极端天气	extreme weather	
国内生产总值	gross domestic product	GDP
厄尔尼诺	El Niño phenomenon	
海洋尼诺指数	Oceanic Niño Index	ONI
极端风暴	extreme storm	
气候智能型农业	climate-smart agriculture	CSA
碳汇	carbon sink	
碳源	carbon source	
碳固定	carbon sequestration	
碳储存	carbon storage	
碳排放	carbon emissions	
碳循环	carbon cycle	
碳储量	carbon stock	
碳排量	carbon emission	
碳收支	carbon budget	
碳通量	carbon flux	
碳足迹	carbon footprint	
碳中和	carbon neutralization	
碳库	carbon reservoir	
增汇	carbon sink enhancement	
减排	carbon reduction	
碳排放系数	carbon emission factor	
城乡蓝绿空间	urban and rural blue-green space	
生态系统服务	ecosystem services	ES
基于自然的解决方案	nature based solution	NbS
碳足迹评价	carbon footprint assessment	
生命周期	life cycle	
生命周期评价	life cycle assessment	LCA
生命周期清单分析	life cycle inventory analysis	LCI
生命周期影响评价	life cycle impact assessment	LCIA
系统边界	system boundary	
功能单位	functional unit	
过程	process	
基本流	base flow	

名　词	英　文	缩略语
能量流	energy flow	
输入	input	
输出	output	
物质流	material flow	
化石燃料	fossil fuel	
呼吸作用	catabolism	
废弃物释放	waste release	
水域碳释放	water carbon release	
河流碳输出	river carbon output	
直接增汇	direct carbon sink enhancement	
间接减排	indirect carbon emission reduction	
直接减排	direct carbon emission reduction	
城乡蓝绿空间的系统边界	system boundary of urban and rural blue-green space	
时间边界	time boundary	
空间边界	space boundary	
城市自然生态系统	urban natural ecosystem	
城市社会经济系统	urban socio-economic system	
垂直碳输入	vertical carbon input	
水平碳输入	horizontal carbon input	
垂直碳输出	vertical carbon output	
水平碳输出	horizontal carbon output	
自然碳过程	natural carbon process	
人为碳过程	anthropogenic carbon process	
生态系统生产力	ecosystem productivity	
总初级生产力	gross primary productivity	GPP
净初级生产力	net primary productivity	NPP
净生态系统生产力	net ecosystem productivity	NEP
净生物群区生产力	net biome productivity	NBP
遥感指数	remote sensing ecological index	RSEI
归一化植被指数	normalized difference vegetation index	NDVI
绿色归一化差异植被指数	green normalized difference vegetation index	GNDVI
归一化水指数	normalized difference water index	NDWI
碳抵消	carbon offset capability	COC
生物量	biomass	

名　词	英　文	缩略语
地上生物量	aboveground biomass	
地下生物量	belowground biomass	
生物量增量	biomass increment	
光合速率	photosynthetic rate	